图解
智能制造

TUJIE ZHINENG ZHIZAO

李阳 段正勇 崔平平 编著

化学工业出版社

·北京·

内容简介

本书从技术角度出发介绍智能制造提出的原因和发展的目标。全书共分六章：第 1 章介绍制造业发展的脉络，概述智能制造的图景；第 2 章介绍发展智能制造的驱动力，包括绿色制造和消费者的个性化定制需求；第 3 章介绍智能工厂建设的基础与框架，智能工厂是先进制造的实施者，其发展需要坚实的基础，包括先进的制造技术和先进的管理理念；第 4 章介绍信息物理系统，它是智能制造的核心技术，是利用新一代信息技术提升制造水平的必经之路；第 5 章介绍物联网、大数据、机器学习等关键共性技术，说明这些技术为什么能够在智能制造中发挥作用；第 6 章介绍智能制造的信息安全技术，保证信息安全就是保证企业的资产安全。

本书适宜从事制造业相关工作的技术人员参考。

图书在版编目（CIP）数据

图解智能制造 / 李阳，段正勇，崔平平编著.
北京：化学工业出版社，2025. 1. -- ISBN 978-7-122-46438-5

Ⅰ. TH166-64

中国国家版本馆CIP数据核字第2024RN7580号

责任编辑：邢　涛　　　　　　　　文字编辑：蔡晓雅
责任校对：田睿涵　　　　　　　　装帧设计：韩　飞

出版发行：化学工业出版社
　　　　　（北京市东城区青年湖南街13号　邮政编码100011）
印　　刷：北京云浩印刷有限责任公司
装　　订：三河市振勇印装有限公司
880mm×1230mm　1/32　印张5　字数200千字
2024年11月北京第1版第1次印刷

购书咨询：010-64518888　　　　　售后服务：010-64518899
网　　址：http：//www.cip.com.cn
凡购买本书，如有缺损质量问题，本社销售中心负责调换。

定　　价：58.00元　　　　　　　　　　　　　版权所有　违者必究

前言

最近几年,"智能制造"成为出镜率很高的词,在各类新闻报道中频频出现,用以说明智能制造的图像往往是大量工业机器人精确配合工作的自动生产线,或者是正在打印复杂零件的3D打印机。这种图景是智能制造的外在表现,如果不深入了解智能制造,会误以为智能制造就是这些具象的设备,企业的智能化升级就是采购先进的设备,实施自动化生产线。

实际上,智能制造更应该被理解为一种思维和观念。随着社会经济的发展,人们已经从满足衣食住行的基本需求转变为"对美好生活的向往",而科学技术的发展为满足这一向往提供了可能性,充分利用科学技术的先进成果,推动生产力快速提升,才能为满足这一向往提供坚实的支撑。"制造"是包含需求、设计、生产、质检、物流、维护和服务等环节的复杂系统,提升制造水平需要在各个环节进行协同的、持续的改进,要善于把新理论、新技术创造性地融入这些环节中,以实现发展先进制造的目标。

技术发展史一再证明,生产力的发展总是在经过缓慢的量变之后才会出现质变。蒸汽机、电力、计算机、互联网已经成为重要的里程碑,近年来,物联网、大数据、人工智能的出现和快速发展预示着新一轮的生产力大发展,我们必须抓住历史的契机,把我国的生产力水平提高到一个新的台阶。

积极发展"智能制造"是我国推进产业升级的重要抓手,对待"智能制造"不能大而化之。本书希望从历史趋势、社会需求、技术基础等方面介绍智能制造,以期为读者提供一个认识智能制造的基石。本书包括绪论和六章：在绪论里，以日常生活中经常遇到的堵车现象为例，说明智能化能够为生活带来的好处；第1章介绍制造业发展的脉络，说明前三次技术革命环环相扣的关系，概述智能制造的图景；第2章介绍企业的目标和社会生活对于企业的新要求，这也是发展智能制造的驱动力；第3章介绍智能工厂建设的基础与框架，智能工厂是先进制造的实施者，其发展需要坚实的基础；第4章介绍信息物理系统，它是智能制造的核心技术，是利用新一代信息技术提升制造水平的必经之路；第5章介绍物联网、机器学习等关键共性技术，说明这些技术为什么能够在制造中发挥作用；第6章介绍智能制造的信息安全技术，保证信息安全就是保证企业的资产安全，就像每个企业都会设置门禁，防止无关人员进出造成财产损失。

  本书由三位作者共同规划完成，并进行了大量的资料整理工作，其中，绪论、前3章和第6章由李阳执笔；段正勇完成了第5章的撰写；崔平平完成了第4章的撰写。

  智能制造涵盖的范围很广，涉及多个学科，且智能制造目前还处于发展阶段的初期，还需要大量的研究和实践总结。限于作者水平，书中不妥之处，恳请读者批评指正！

李阳

2024年5月

目 录

绪论 ... 1

第1章 制造技术的发展路线 ... 9

1.1 工业革命 / 10
1.2 智能制造的赋能技术 / 21
1.3 制造的环节 / 24
  1.3.1 智能设计 / 25
  1.3.2 智能生产 / 27
  1.3.3 智能供应链 / 32
  1.3.4 智能服务 / 35
参考文献 / 36

第2章 发展智能制造的驱动力 ... 38

2.1 追求利润 / 39
  2.1.1 改善QCD / 39
  2.1.2 推进智能制造 / 41
2.2 绿色制造 / 42
  2.2.1 绿色制造的含义 / 42
  2.2.2 绿色制造的紧迫性 / 43
  2.2.3 智能化赋能绿色化 / 44

2.3 个性化定制 / 47
   2.3.1 制造模式的演化 / 47
   2.3.2 个性化定制的定义 / 50
   2.3.3 个性化定制的实施途径 / 53
   2.3.4 个性化定制案例 / 63
参考文献 / 67

第3章 智能工厂   69

3.1 智能工厂的目标 / 71
3.2 智能工厂规划的基础 / 73
   3.2.1 工艺分析 / 73
   3.2.2 精益生产 / 75
   3.2.3 信息化管理 / 80
3.3 智能工厂模型 / 83
   3.3.1 管理层 / 86
   3.3.2 计划层 / 86
   3.3.3 控制层 / 90
   3.3.4 现场层 / 94
3.4 系统集成 / 99
参考文献 / 101

第4章 智能制造的技术核心   102

4.1 CPS发展简史 / 103
   4.1.1 控制论 / 104
   4.1.2 嵌入式系统 / 105
   4.1.3 CPS的提出 / 108
4.2 CPS的技术构想 / 109
   4.2.1 数据感知 / 110

4.2.2 数据处理 / 111
4.2.3 分析认知 / 116
4.2.4 决策控制 / 116
4.3 信息物理生产系统（CPPS） / 120
4.4 CPPS的应用案例 / 122
 4.4.1 搅拌摩擦焊简介 / 123
 4.4.2 搅拌摩擦焊CPPS的搭建 / 124
 4.4.3 搅拌摩擦焊CPPS的控制效果 / 126
参考文献 / 128

第5章 智能制造的关键共性技术 129

5.1 传感器 / 130
 5.1.1 传感器简介 / 130
 5.1.2 工业生产中传感器的作用 / 132
 5.1.3 多传感器信息融合 / 133
5.2 物联网 / 135
 5.2.1 物联网的重要性 / 136
 5.2.2 IPv6 / 137
 5.2.3 RFID / 139
 5.2.4 5G通信 / 140
5.3 大数据 / 143
 5.3.1 什么是大数据 / 143
 5.3.2 大数据的特征 / 144
 5.3.3 大数据视角转变 / 146
 5.3.4 大数据处理过程 / 152
5.4 云计算与边缘计算 / 157
 5.4.1 云计算 / 157
 5.4.2 边缘计算 / 164
5.5 人工智能 / 166

5.5.1　人工智能的基本思想　　/ 167

　　5.5.2　机器学习　　/ 170

　　5.5.3　深度学习　　/ 174

参考文献　　/ 179

第6章　智能制造的信息安全　　180

　6.1　智能制造系统的安全需求　　/ 182

　　6.1.1　典型安全威胁　　/ 182

　　6.1.2　基本安全需求　　/ 185

　　6.1.3　网络系统的安全服务　　/ 185

　6.2　访问控制模型简介　　/ 188

　　6.2.1　自主访问控制　　/ 190

　　6.2.2　强制访问控制　　/ 190

　　6.2.3　基于角色的访问控制　　/ 192

　　6.2.4　基于属性的访问控制　　/ 193

　　6.2.5　基于权能的访问控制　　/ 194

　6.3　智能制造系统数据访问架构　　/ 195

　6.4　智能制造系统的访问控制需求　　/ 198

　6.5　访问控制的实施　　/ 201

　　6.5.1　发布-订阅模式　　/ 201

　　6.5.2　谷歌云平台的访问控制　　/ 203

　　6.5.3　虚拟对象的访问控制　　/ 210

参考文献　　/ 214

绪 论

智能制造是一种思维方式,像智能交通一样,借助最新的计算机和信息技术解决问题!

作为生活水平不断提高的表现，我国的汽车保有量越来越多，近年来，每年的增长率都超过10%，2022年，我国汽车保有量已经超过3亿辆。如果公路上行人、车辆稀少，那么驾车出行会成为一件惬意享受的事情，然而，像图0-1中的这种体验恐怕只有少数时间才有，而图0-2中的景象才是我们在上下班时期经常会出现的。堵车带来的不光是烦躁的情绪，还有实打实的经济损失，北上广等大城市每年因为堵车造成数以千亿的损失，相当于这些城市GDP的5%，已经到了难以忍受的程度。

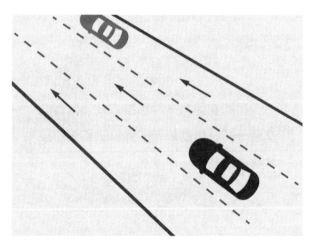

图0-1　惬意的驾驶体验

汽车数量多当然是堵车的一个客观原因，但并不是唯一原因，另外一个重要原因是交通高峰。出现交通高峰的原因是各个单位上下班时间几乎一样，节假日大家不约而同地自驾出行游玩，在特定时间道路上汇集了大量车辆。另外交通事故是难以杜绝的，一旦发生，再加上不能快速处理，使道路通行能力受阻，就会造成长时间的堵车。

除此以外，还有一种非常令人困惑的"幽灵堵车"现象，经过一段时间恼人的堵车之后，突然发现前方一马平川，没有道路维护，没有事故，

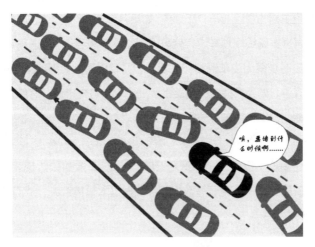

图0-2 糟心的堵车体验

没有红绿灯,却莫名其妙地出现堵车。这种现象可以用图0-3来解释,在拥挤的道路上,某个驾驶员突然减速,原因可能是变道超车,这种突然的减速停顿,会导致后方车辆一连串的反应,减速停顿的时间不断叠加,从而导致道路堵塞。

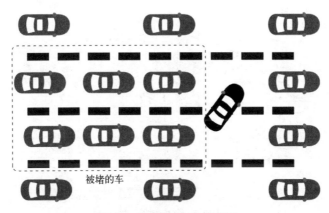

图0-3 "幽灵堵车"原因示意图

堵车更主要的原因在于"无序"。如果各单位之间能够实现数分钟的错时出行，再根据路线规划车道，就可以大幅改善甚至消除交通高峰期堵车；如果能够实时观察周边车辆和行人状况，并辅以驾驶行为约束，车祸就能被很好地规避；如果在拥挤的道路上，变道超车可先申请，然后整体协调、实施，就能使"幽灵堵车"现象消失。

怎样使"无序"变成"有序"呢？图0-4所示为空中交通管制系统，飞机在空中看似"自由"，实际每一架飞机都处于实时的监管之中，飞机的起降、航线、位置、速度等数据都会及时进入管控系统，从而使所有飞机有序运转。

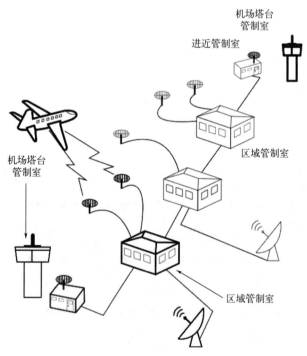

图0-4 飞机管控示意图

我国的高铁运行是极其有序的，速度 300km/h 的高铁可实现 3min 间隔密集发车，主要是因为有一个高效的调度指挥系统，实现对所有列车的实时监控，保证每一列高铁都遵循正确的启停时间、正确的速度、正确的路线，从而实现高铁交通网的协调运行。

为了实现顺畅、高效、安全的公路交通，建立与高铁和航空交通类似的公路交通协同系统成为关键。与高铁和航空那样的细粒度管理相比，目前的公路交通管理依靠粗放的规则进行约束，比如红灯停绿灯行、禁停、禁转弯等。建立公路交通协同系统的难点在于车辆数量太大，且路线复杂，要精确处理每一辆车的每一次出行，其规模和难度已经远远超过人脑的能力范围。

当今，各种新兴突破性技术如雨后春笋般出现和发展，包括人工智能、云计算、5G 等，它们在发展过程中相互促进、不断融合，已经让我们获得充分的自信去勾画未来。如果真的能够做到对车辆行驶的大范围协同，就能解决目前无法处理的种种难题，而这种革新就是"智能交通"（图 0-5）。在智能交通背景下，我们至少可以想象下面两种场景。

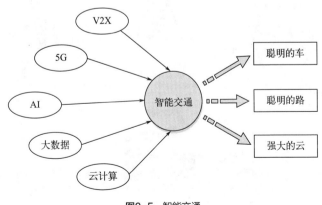

图0-5　智能交通

① 没有红绿灯的城市：红绿灯对行人和车辆进行秩序化的放行，使日常交通能够有规律地运行，从而节约时间、保障行人和车辆的生命财产安全。在"智能交通"背景下，所有的车辆能够保证更加完美的协同，在交叉路口能够实现自动避让和有序通行，红绿灯就可以被取消了。

② 大范围经常性的拼车出行：每个人出行之前将目的地告知"智能交通系统"，系统匹配顺道车辆，即可实现拼车出行，提高车辆的利用效率，减少路面车辆，不但使人们的生活成本降低，而且社会整体能耗降低，还有利于保护环境。

上述场景感觉有些科幻，要把科幻变成现实，就需要技术的进一步发展。其中就包括 V2X（车联网，图 0-6）、5G、人工智能、云计算。

图0-6　车联网（V2X）

V2X（vehicle to X）是智能交通的关键技术。路面上的所有要素之间能够相互发现，车与车、车与基站、基站与基站之间能够通信，以获得实时路况、道路信息、行人信息等一系列交通信息，这是达到"协同"的基础。

5G就是"第5代移动通信系统"，有"超大容量通信""超低时延通信""超大数量终端连接"的特点。交通状况瞬息万变，路面要素之间的通信必须是低时延的；路面对象数量众多，通信系统必须能够容纳非常多的终端连接；在同一时刻，路面对象之间存在巨量的通信连接，通信系统必须具备超大容量。

为了达到全面的协同，就需要智能交通系统能够实时对交通状况进行评估和预测，根据评估和预测的结果，对车辆进行调度和路径规划，并辅助驾驶或自动驾驶。由于车辆交通问题的规模巨大、复杂程度高，因此这些工作离不开人工智能技术，从发展趋势来看，人工智能将逐步成为协同互助的主要依靠。

云计算就是通过互联网按需提供的计算资源。无论是路况评估、车辆调度，还是路径规划、自动驾驶，都包含超出我们想象的巨大计算量，如果完全靠自己购置服务器，会带来巨大的采购成本和维护成本，有了云计算就可以按需购买计算资源，甚至可以直接购买应用服务，比如利用图像识别技术实现的车牌识别功能。

为了解决由无序造成的堵车问题，我们试图通过"上帝视角"来解决，甚至想象没有红绿灯的城市，这似乎是科幻。但不断涌现的新技术，特别是计算机和信息技术的爆炸式发展，正在使科幻变成现实（图0-7）。

"智能交通"不是一种技术，而是一种思维方式，我们要勇敢地想象和创新，积极应用新技术解决问题，特别是计算机技术和信息技术。

智能制造也是这样！

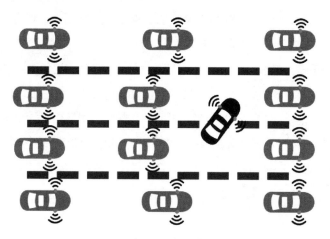

图0-7 智能交通下的协同通行

第 1 章 制造技术的发展路线

- 1.1 工业革命
- 1.2 智能制造的赋能技术
- 1.3 制造的环节

"智能制造"与"工业4.0"联系紧密,既然有"4.0",那么就应该有"1.0""2.0""3.0",它们分别指什么?

本章从纵横两个方向回顾制造技术的发展路线,从而理解"智能制造"的含义及其历史必然性。

1.1 工业革命

社会发展的历史中,在某一阶段会集中出现一系列重大技术发明或革新,这些技术改变了工业生产方式,使经济社会发生重大变革,我们把这样的现象称为"工业革命"。"工业革命"一词经常受到质疑,因为它用来描述的不是一个迅速、突然的变化,而是一个在18世纪以前已开始进行、并由于各种实际的目的而一直持续到现在的"革命"[1]。乔治·巴萨拉认为技术发展过程是连续的[2],在循环迭代中逐步进化,类似于软件的革新与优化,每次革新和优化都会使用不同的版本号。比如近些年热度很高的"英雄联盟"游戏软件,在世界赛S12(2022年)时的版本为12.21,当有细节改动时,版本会修正到12.23或者12.31等,到世界赛S13时的版本是13.19。游戏软件版本号的整数部分表示软件较为重大的变化,而小数部分则表示局部的优化或者升级。借鉴软件版本的标识方法能更好地表示技术发展的沿革。

2011年,德国汉诺威工业博览会上,"工业4.0"被正式提出,它描绘了全球价值链将发生怎样的变革[3]。德国提出这个概念是为了提高其工业竞争力,一方面在工业变革时期占据先机,另一方面提升其国际形象,"工业4.0"迅速成为德国的另一个标签,有助于德国在先进生产设备、管理技术、优质产品等方面占据更多的国际市场份额。

德国学术界和产业界认为,"工业4.0"概念是以智能制造为主导的第四次工业革命，旨在通过充分利用信息通信技术和信息物理系统（cyber-physical system）相结合的手段，使制造业向智能化转型，建立一个能够提供高度灵活的个性化和数字化产品与服务的生产模式。

更多的时候，"第 X 次工业革命"与"工业 $X.0$"可以混用，细究起来，"第 X 次工业革命"更加强调变革，而"工业 $X.0$"更加强调技术发展的连续性，每一次工业革命都在为下一次工业革命孕育种子、积蓄力量。

在工业发展历程中已经出现过三次工业革命，如图 1-1 所示。

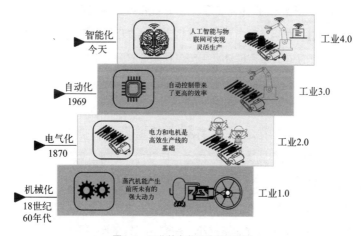

图 1-1　工业革命发展阶段示意图

① 以瓦特蒸汽机为标志的第一次工业革命，即工业 1.0，人类开启了机械化时代；

② 以电力的广泛使用为标志的第二次工业革命，即工业 2.0，人类迈入了电气化时代；

③ 以电子计算机为标志的第三次工业革命，即工业 3.0，人类跨入了自动化时代；

④ 以人工智能、物联网等技术的广泛应用为标志的第四次工业革命，

即工业4.0，人类正在过渡到智能化时代。

（1）工业1.0：机械化时代

第一次工业革命发端于18世纪中后期的英国。当时的英国已经成为最大的殖民地宗主国，能够从殖民地掠夺大量的廉价资源，再把这些资源变成商品倾销到庞大的殖民地市场，从中获取丰厚的利润。在那个物质缺乏的年代，更高的产量就意味着更多的财富，人们想方设法改进生产技术，期望提升生产效率。

1784年，在经过了20年的努力后，瓦特终于完成了对纽科门蒸汽机的革命性改进，发明了双向气缸蒸汽机，称为"瓦特蒸汽机"。这种蒸汽机采用滑动阀实现双向蒸汽推动；采用单独的冷凝器提高了蒸汽机的热效率，其煤耗不到纽科门蒸汽机的三分之一[4]；采用曲柄齿轮传动机构，把活塞的往复运动输出为旋转运动，而纽科门蒸汽机只能输出直线往复运动。后来，为了增加转速的稳定性，瓦特发明了离心调速器，能够保证蒸汽机稳定的动力输出，离心调速器已经成为"自动控制原理"课程中非常重要的古典控制案例[5]。

瓦特蒸汽机一经问世，便迅速被用于生产中，机器工厂出现了。在机器工厂中，车床被用来加工蒸汽机的气缸和活塞的圆柱表面，铣床被用来加工平面，大大减轻了手工锉削的劳动强度，机床的动力来自架在车间顶部的传动轴，而传动轴由蒸汽机带动，如图1-2。车床、铣床、刨床等工业母机的出现，标志着用机器生产机器的"大工业"形成了。随着生产加工能力的增强，以蒸汽机为动力的新产品不断涌现，例如蒸汽火车和蒸汽轮船，这些新交通工具改变了人们的生活方式。

> 蒸汽机激发了人的需求，新技术、新发明层出不穷。
> ——王斯德《世界近代史》

第1章 制造技术的发展路线

图1-2 蒸汽动力工厂

在蒸汽机开始改变世界的同时,电磁学得到划时代的发展。

- 1800年,福特制成了超过4V电压的电池;
- 1820年,丹麦科学家奥斯特发现电流周围的磁现象;
- 1831年,法拉第成功完成了磁生电的实验;
- 1864年,麦克斯韦发表了电磁学论文《电磁场的动力学理论》,描述了电场和磁场交相变化的波动过程。

磁可以生电,电可以生磁,这种能量以光速传播!在一片热气腾腾中,"电"将从幕后走到台前!

> 1812年,汉弗莱·戴维向年轻的迈克尔·法拉第解释科学:"科学就是一个令人烧钱的冷酷情人。它(科学)只是一种技能或爱好,而不是一种正当的工作或职业。"
>
> 19世纪30年代创造的"科学家"一词,在半个多世纪以后才被广泛采用。
>
> ——《现代科学简史:从蒸汽机到鹳鹏求偶》[6]

（2）工业 2.0：电气化时代

随着电磁理论研究的不断突破，从 19 世纪 60 年代开始，各种新技术、新发明不断涌现，并迅速应用于工业生产。

1866 年，德国人西门子（Siemens）制成有实用意义的直流励磁发电机；1873 年，比利时人格拉姆发明了大功率电动机，电动机从此开始大规模用于工业生产，电力开始用于带动机器，成为补充和取代蒸汽动力的新能源，人类跨入"电气时代"。

1885 年，汽车制造取得决定性突破，本茨与戴姆勒几乎同时制成了汽油发动机，并成功用作汽车动力，这时的汽车还是奢侈品、富人的玩具。福特改变了这一状况，他造出了当时最好的大众化汽车，这种价格低廉的汽车供不应求，促使福特寻求效率更高的生产方式。1913 年，利用电力这种新兴的动力，福特成功建设了汽车"移动装配线"，汽车底盘固定在装配线上，随着装配线移动，每个工位上的工人只需不停重复同样的工作，汽车生产效率大幅提高，把汽车装配时间从 12h 缩短到 1.5h，大幅降低了生产成本。福特完善了大批量生产的生产模式，使工业生产力得到了革命性的提升。

第一次工业革命中的制造可以被认为是以工作为中心的，也就是说，工作在一个固定的地点静止不动，而所有的部件都由工人带到工作岗位上进行组装。这种模式现在被改变了，移动了工作，固定了劳动者的位置。劳动者被分成若干组，每一组只进行特定的任务，即所谓的"劳动分工"。

第二次工业革命中，为了满足大批量、快速生产的目标，机械加工领域出现了一个极其重要的概念——零件互换性。之前，零件制造没有任何标准，对机器或者产品更换零件是一项烦琐的工作。"可互换零件"按照特定标准制造、符合规定的加工精度，这些零件可以不经过挑选而实现互换，使得"大规模生产"避免了后顾之忧,大规模、高效、低成本成为了电气时代制造业的重要特征。

除了是一种便于输送的工业动力,电还是可靠的信息载体,如图1-3。1876年,贝尔申请了电话专利,并在当年5月的费城世博会上展出,这种通信方法立即引起轰动,贝尔随后成立了美国贝尔电话公司,为市场提供电话服务。1885年,贝尔电话公司成立了以铺设市外长途通话线路为主业务的子公司AT&T,1910年之后,电话服务迅速在普通民众中普及。

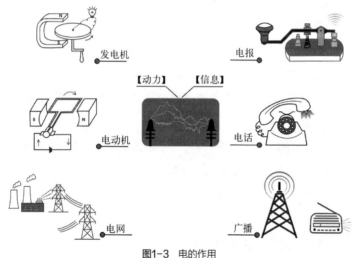

图1-3 电的作用

1894年,意大利人马可尼读到了赫兹关于电磁波的实验,该实验证明了麦克斯韦关于电磁波的预言。马可尼敏锐地想到这种方法可以应用到通信上。1896年,他获得了无线电报专利,并因其在无线电报上的伟大贡献,获得了1909年的诺贝尔物理学奖。

弗莱明在与马可尼的合作中,了解到矿石检波器的性能存在问题,因此，希望找到新的检波元件。基于对"爱迪生效应"的深入研究，弗莱明在 1904 年成功发明了电子二极管，利用电子二极管大幅改善了电报接收器的性能。

德福雷斯特在 1899 年观看了马可尼的无线电报展示之后，就对无线电通信产生了浓厚的兴趣，而他更希望用电磁波传递声音。1907 年，德福雷斯特成功制作了矿石收音机，一年后，他在埃菲尔铁塔上设置了功率极高的广播设备，成功地用收音机广播了音乐。在进行这些工作的同时，德福雷斯特了解到电子二极管的发明，并深知其存在的问题，经过改进，于 1907 年成功发明了"真空三极管"。

1912 年 12 月，美国无线电公司（Radio Corporation of America，RCA）成立，其股东包括通用电气（GE）、美国电话电报公司（AT&T）和西屋电气公司等。20 世纪 20 年代，美国无线电公司的广播事业取得了爆发式发展，1922 年有 6 万户美国家庭拥有收音机，到 1929 年就增长到了 1025 万户[7]。

无线电广播的大众化促使电子产业不断改进技术，得益于强大的工业生产能力，电子工业为人们提供了越来越多的精密产品。精密产品也在不停地推动工业生产技术的提升，在这种互动升级中，迎来了一种划时代的产品——电子计算机。

（3）工业 3.0：自动化时代

电子计算机一出现就受到了社会的广泛关注，发展日新月异（图 1-4）。

1946 年，第一台电子计算机在美国宾夕法尼亚大学问世。这台计算机重达 30t，占据了一间 180m^2 的房间，由 40 个约 3m 高的机柜组成，使用了 18000 多个电子管、1500 多个继电器以及数以万计的电阻、电容和电感。这台名叫 ENIAC 的计算机计算弹道轨迹的速度是人类的 2400 倍，它一出现就被认为是一个划时代的产品，将从根本上改变工程设计模式。

第1章 制造技术的发展路线

- 1946年
- 1959年
- 1965年
- 1970年

使用电子管	使用晶体管	使用集成电路	使用超大规模集成电路
可靠性差	可靠性提升	可靠性进一步提升	可靠性高
仅支持机器语言	支持汇编语言	支持高级语言	支持高级语言
成本高昂	成本高昂	成本高	成本低
高发热量	高发热量有所降低	低发热量	便携
低效的I/O设备	低效的I/O设备	尺寸小	耗电量低
尺寸巨大	尺寸稍微缩小	耗电量低	计算速度快
极高的耗电量	极高的耗电量	计算速度提升	因特网被提出
	计算速度提升		开启个人电脑时代

图1-4 计算机的发展路线

1970年以后,大规模集成电路的应用使计算机的体积越来越小、算力越来越强。1971年,世界上第一台微处理器在美国诞生,开创了微型计算机的新时代,计算机开始广泛应用于工业生产。数控机床把计算机作为机床的控制器,根据预先编制的程序发送代表指令和数据的数字码,控制切削工具相对于工件的运动,采用反馈系统保证位置的正确性,以实现精确作业。这种技术被称为计算机数字控制(computer numerical control,CNC)技术。使用这种设备大幅度解放了人们的体力劳动,生产过程的人因波动更小,管理过程易于标准化,产品质量有很高的一致性,因此生产规模和生产效率大幅提升。

将计算机应用于制造过程的概念"计算机集成制造"(computer integrated manufacturing,CIM)很快就出现了,它包括计算机辅助设计(computer aided design,CAD,图1-5)和计算机辅助制造(computer aided manufacturing,CAM)等技术。CAD指的是使用计算机来绘制、修改、分

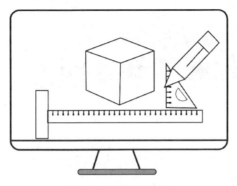

图1-5 计算机辅助设计

析和优化产品的设计，其成果主要是产品的数字模型；CAM指的是使用计算机辅助完成从生产准备到产品制造整个过程的活动，比如自动生成数控加工程序。

随着制造规模和生产效率的不断提高，社会物质财富越来越丰富，企业必须经受激烈的"市场竞争"考验才能生存。把计算机网络技术引入生产过程中，利用信息技术改善企业的经营管理、研发设计、生产制造，成为一种提升企业竞争力的现实有效的途径。企业资源计划（enterprise resource planning，ERP，图1-6）就是计算机网络技术与企业管理相结合的一种软件。ERP把企业的所有资源整合在一起，对采购、生产、库存、分销、运输、财务、人力资源等进行统一规划，使资源达到最佳的配置组合，从而控制成本、提高效率，实现企业的最佳综合效益。

制造执行系统（manufacturing execution system，MES）是计算机网络技术与生产制造过程相结合的软件，通过信息传递对从订单下达到产品完成的整个生产过程进行优化管理，能够有效地指导工厂的生产运作过程，提高工厂的按时交货能力。

第 1 章 制造技术的发展路线

图1-6 企业资源计划（ERP）的功能

自动化的设备大幅解放了人们的体力劳动，而计算机网络技术在生产过程中辅助人们进行管理和决策，在一定程度上解放了人们的脑力劳动，生产制造在这个方向上还在快速发展。

（4）工业4.0：智能化时代

2011年的汉诺威工业博览会上，"工业4.0"的概念被正式提出，随即得到世界各国重视，一些学者认为第四次工业革命已经到来[3]，而大多数人认为现在只是处于第四次工业革命到来的前夜。当然这只不过是人为界定的时间节点，对于这次变革本身不会产生实质性的影响。到目前为止，"工业4.0"的图景尚未完全清晰化，简单来说，工业4.0旨在通过网络互通信息，通过大数据、物联网、人工智能等技术的应用，使生产、流通等各个环节都实现最高程度的自动化[8]。

在工业4.0的图景中，将有两个紧密连接的世界——物理世界和虚拟世界。物理世界由实际对象组成，包括车间、机床、机器人以及传感器和控制器等；虚拟世界由计算机网络中的数字组成，包括数学模型、算法、文档、数据以及各种应用软件等。这两个世界实时通信，不断交换信息，使两个世界保持高度的一致性。物理世界负责实际生产，由传感器负责收集设备信息、产品信息和环境信息，通过网络把这些信息实时传送到虚拟世界中，虚拟世界负责统计、分析、计算、预测，不断向物理世界发送行动指令，通过实时监管和控制，将实现高度灵活、自治的生产。

图 1-7 中是目前很常见的自动化生产线中的一个模块，机械臂（或者称为工业机器人）负责把工件从起点搬运到终点。控制输送带的 PLC 程序、机械臂的运动程序都是预先编制好的，输送带和机械臂按照程序设置不断重复运行，依靠位置传感器保证运动的精确性，这是我们目前已经实现的自动化。这种状态下，所有的机械设备都必须按照预设的路线、速度和频率工作，不允许任何环节出问题，人不能出现在机械臂的工作路径上，否则就会有危险。如果产品调整了，整个生产线都要重新调整，也就是要重

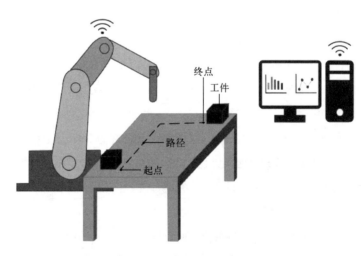

图1-7 自动化生产线模块示意图

新调整设备，重新设置设备的路线、速度和频率。这种工作模式实现了自动化，很大程度上解放了体力劳动，但是灵活性和安全性不足。

工业 4.0 要实现高度灵活、自治的生产，方法是建立一个与实际产线对应的虚拟产线，对物理世界中的生产线进行实时监控和指挥。图 1-7 中的机械臂将设置多种传感器，而不仅仅是保证运动精度的传感器，比如检测机械臂电流、温度、振动的传感器，这些传感器采集的数据将实时传送到虚拟产线中，计算机把这些数据与历史数据或正常数据相比以判断机械臂的健康状况；产品信息也会实时传递到虚拟产线中，比如产品的外形，计算机会及时通知机械臂换用合适的夹具并采用合适的夹紧力；如果环境中出现了障碍物，该信息也会被传感器捕获并实时传送至计算机，计算机将帮助机械臂规划新的路径。这种高度灵活自治的工厂需要不断分析各种信息并及时做出反馈，也就是说它具有了"智能"，工业 4.0 的核心目标就是实现"智能制造"。

我国《"十四五"智能制造发展规划》中对智能制造的定义：智能制造是基于新一代信息技术与先进制造技术深度融合，贯穿于设计、生产、管理、服务等制造活动各个环节，具有自感知、自决策、自执行、自适应、自学习等特征，旨在提高制造业质量、效益和核心竞争力的先进生产方式。通过互联网、大数据、人工智能与实体经济深度融合，实现高效、优质、低耗、绿色、安全的制造和服务。

1.2 智能制造的赋能技术

智能制造的基本思路就是把先进技术贯穿于制造的各个环节中，包括设计、生产、管理、服务等。众多"先进技术"中信息化技术是关键的赋能技术，信息化技术可概括为数字化、网络化和智能化三种，如图 1-8。

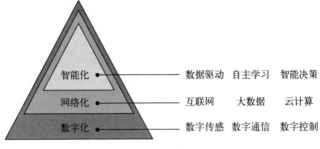

图1-8 智能制造的赋能技术

"数字化技术"重点实现物理信息的数字化描述,从而使物理信息进入计算机系统,该技术以感知、通信、计算和控制全过程的数字化为核心特征,包含数字传感、数字控制、计算机、数字通信、数字电路与集成电路等技术。

"网络化技术"在数字化技术基础上实现连接范围的极大拓展和信息的深度集成,以互联网的大规模应用为主要特征,包含互联网、物联网、5G、云计算、大数据、标识解析和信息安全等技术。

"智能化技术"则在数字化描述和万物互联的基础上,形成数据驱动的精准建模、自主学习和人机混合智能,以新一代人工智能技术为主要特征,使传统方法难以实现的系统建模和优化成为可能,具有重要变革意义。

比如围棋软件,棋盘与棋子都是以数字模型存储在计算机中的,是现实世界中棋盘和棋子的数字化描述。这种围棋程序为人们下棋提供了很大的便利,更为重要的是,计算机可以记录对局过程和输赢结果(棋谱),相比于手工记录,更加高效地为研究围棋提供了大量的数据,所以,棋谱成为围棋研究的重要数字资源。

在数字围棋基础上实现的网络围棋更为普遍,通过网络化技术,人们不用面对面下棋,不但省去了棋盘和棋子,也不用专门的房间和设施,棋手更是避免了舟车劳顿。更为重要的是,众多的围棋爱好者可以非常方便地实时欣赏整个对局过程,更加有利于围棋的传播,促进其发展。

而 AlphaGo 则是智能化技术的具体体现。AlphaGo 最初学习了大量人类围棋高手的棋谱,通过强化学习进行了自我训练,其后续的版本能够从自我对局中学习,甚至独立发现了游戏规律,并走出了新策略,为这个古老游戏带来了新见解。该程序曾经在中国棋类网站上以"Master"(大师)为注册账号与来自中国、日本、韩国的数十位围棋高手进行快棋对决,连续 60 局无一败绩(图 1-9)。

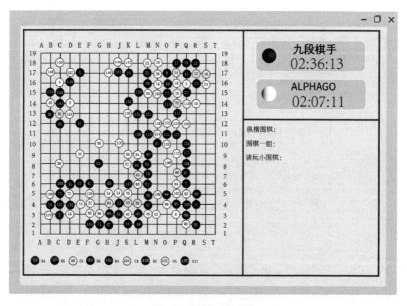

图1-9 围棋的人机大战

1.3 制造的环节

制造一词来源于拉丁语"fabricatus",其含义是把原材料用手工方式制作成有用的物品,有狭义和广义两种理解方式。狭义的制造是指生产过程中从原材料到成品直接起作用的那部分工作[9],包括加工、装配、检验、包装等具体工作。比如汽车的生产过程,如图1-10,就是利用钢材、铁粉、矿粉、塑料等材料,加工各种零件,最后完成装配。

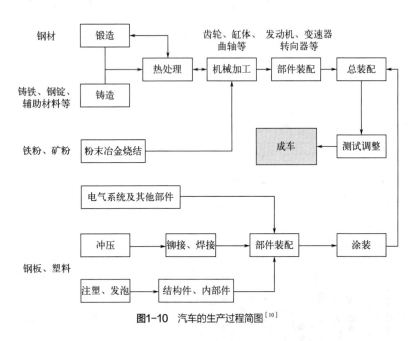

图1-10 汽车的生产过程简图[10]

广义的制造主要包括设计、生产、销售、服务等环节。"智能制造"概念中的"制造"指的就是广义的制造,包括与产品相关的一系列活动,智能制造的主要功能系统包括智能设计、智能生产、智能供应等(图1-11)。

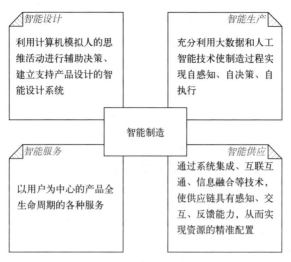

图1-11 智能制造的范畴

1.3.1 智能设计

（1）协同设计

对于复杂程度较高的产品设计，其中涉及的数据种类繁多，参与人员数量庞大，充分利用计算机以及网络技术的发展成果，构建和应用协同设计平台，成为企业提高产品设计效率的重要手段[11-12]。协同设计平台（图1-12）的目标是改善人们进行信息交流的方式，通过简单、直观的用户界面，整个组织内的工作人员都能以便捷的方式参与到产品开发过程当中，从而节省工作人员的时间和精力，提高群体工作的质量和效率[13]，如图1-12所示。

（2）衍生式设计

设计领域的数字化和网络化已经得到长足的发展，但是智能设计（人们只需提供设计要求，机器就可以采用适当的设计策略，输出优化的设计结果）

仍然是一种愿景。目前智能设计发展目标是使计算机能够提出设计建议,帮助设计人员完成设计,其中比较重要的是衍生式设计(generative design)。

衍生式设计可表述为根据给定的参考,寻找最佳设计参数组合及其次序的问题[14]。图 1-13 给出了一个针对汽车轮毂进行衍生式设计的例

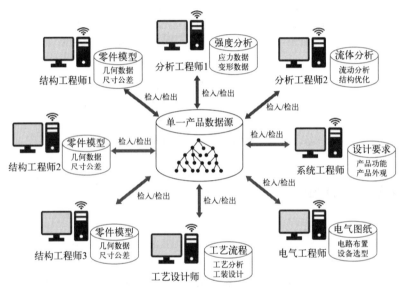

图1-12 基于网络环境的协同设计

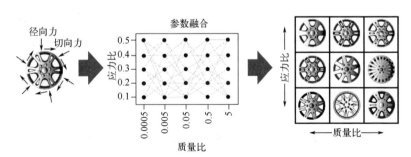

图1-13 轮毂的衍生式设计

子，设计系统根据轮毂的关键参数，通过参数融合，以应力比和质量比为目标，自动生成多种设计方案，工程师的工作就是从众多方案中确定最终方案。

1.3.2 智能生产

（1）智能制造装备

智能制造装备充分融合信息技术、人工智能技术、记忆制造技术，从而实现高品质、高效、绿色加工，充分体现了制造业向数字化、网络化、智能化发展的需求，是实现智能生产的基础。智能制造装备的主要特征包括四个方面。

① 自我感知能力：智能制造装备通过传感器获取所需信息，对自身状态与环境变化进行感知，并能够输出感知结果。

② 自适应和优化能力：智能制造装备根据感知的信息对自身运行模式进行调节，使系统处于最优状态，具备对不同工况的适应能力。

③ 自我诊断和维护能力：智能制造装备在运行过程中，对自身故障和失效问题能够自我诊断，并通过优化调整保证系统的正常运行。

④ 自主规划和决策能力：以人工智能为基础，结合系统科学、管理科学和信息科学等先进技术，进行自主规划计算，工艺过程智能决策，可以满足生产中的不同要求。

智能机床（图1-14）是智能制造装备的典型代表。它是在新一代信息技术的基础上，应用新一代人工智能技术和先进制造技术深度融合的机床，它利用自主感知与连接获取机床、加工、工况、环境有关的信息，通过自主学习与建模生成知识，并能应用这些知识进行自主优化与决策，完成自主控制与执行，实现加工制造过程的优质、高效、安全、可靠和低耗的多目标优化运行[15]。

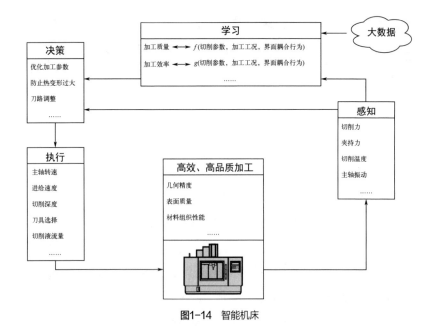

图1-14 智能机床

（2）智能车间调度

智能动态调度是智能生产的核心之一，实际生产过程是一个永恒的动态过程，不断发生各类事件，比如订单数量变化、优先级变化、资源变化、工艺调整等。如果不能对各种事件进行快速准确的处理，就不能保证生产效率，导致生产计划的失败。表1-1 所示为某工厂对一年内异常停产原因的分类与统计。

表1-1 车间停产时间分类统计表

原因分类	统计	比率/%
缺件	788	46.9
周转不利	315	18.8
送料不及时	254	15.1

续表

原因分类	统计	比率/%
信息传递失误	94	5.6
技术准备不充分	89	5.3
部品不良	61	3.6
设备不良	47	2.8
操作失误	32	1.9
—	1680	100

成功的车间调度能够最小化完工时间、杜绝订单延误、降低库存压力、最大化节能减排。作业车间调度问题可简单描述为：车间有 M 台机器，要求加工 N 个工件，每个工件都需要经过一定的工序才能完成加工，要合理安排加工顺序，在满足约束条件的同时，使生产作业处于最佳运行状态[16]。

图 1-15 所示为一个简化的车间生产调度问题[17]，生产任务包括 5 类零件，均需经 3 道工序加工。工序 1 为车床加工，可以由 C01 或 C02 车床加工；工序 2 为铣床加工，可以由 X01 或 X02 铣床加工；工序 3 为磨床加工，可以由 M01 或 M02 磨床加工。5 类零件各需加工 5 个，各类零件经由不同机床加工时，所需的加工时间不相同，工序时间如表 1-2 所示。文献 [17]

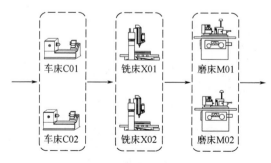

图1-15 生产调度模型示例

采用遗传算法对该问题进行优化求解,得到的最优生产顺序是:A—E—C—D—C—A—A—E—B—D—B—D—E—C—C—E—D—C—B—E—A—B—A—B—D。

表1-2 产品加工时间 s

产品	工序1		工序2		工序3	
	C01	C02	X01	X02	M01	M02
A	273	819	437	928	1911	655
B	1165	1529	655	437	819	819
C	601	1911	874	1966	328	1147
D	437	1201	1365	2512	382	1966
E	1092	601	2075	2075	710	874

实际生产环境极为复杂,需要考虑多方面的因素,因此,车间调度问题具有非线性、多目标、多约束、动态随机和不确定性等特点,导致建模和优化非常困难[18]。图1-16所示为车间调度问题建模的一般过程。

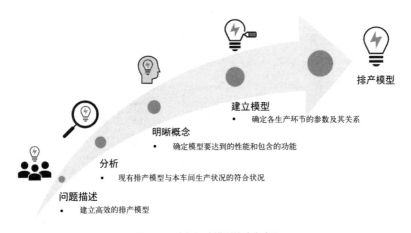

图1-16 车间调度模型的建立步骤

近几年，强化学习应用于研究车间调度问题的优势引起了广泛关注。强化学习以试错的方式进行学习，通过与环境交互获得奖励来指导动作，目标是获得最大的积累奖励。利用强化学习方法来解决车间调度问题还处于理论研究阶段，要把这些模型和算法应用到实际生产系统中，还有很长的路要走，但是，充分利用各种先进理论与技术把智能车间调度理论延伸到实践，把知识转化成生产力是必然趋势。如图1-17所示，智能排产系统利用数字孪生、物联网、大数据和强化学习等技术使生产系统实现自动、自治、实时响应和信息共享。

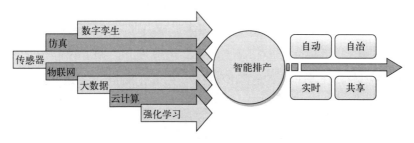

图1-17 智能排产的技术基础与效果

"自动"是指由各种机电一体化设备组成的自动控制系统可替代人工使零件生产能够在各加工环节之间流畅运转；"自治"的含义是系统具备自适应能力，不用依靠控制中心而自行决策，减少了其他系统的干预，甚至不需要人工干预；"实时"是指虚拟系统能够与实际生产线共享时间约束，当与实际系统交互工作时，系统总是能够迅速做出正确应对；"共享"是指信息共享，不同的系统或组件能够进行必要的信息交互，一个系统能够通过访问相应的服务与其他系统实现互操作，这种共享与交互是实现协同以完成复杂任务的基础。

1.3.3 智能供应链

供应链是以客户需求为导向,以提高质量和效率为目标,围绕核心企业,从配套零件开始,制成中间产品以及最终产品,最后由销售网络把产品送到消费者手中的,将供应商、制造商、分销商直到最终用户连成一个整体的网链结构。

供应链上各企业之间的关系与生态链类似。生态链中的物种之间是相互依存的,任何物种生存状态的巨变,都会导致生态链失去平衡,最终破坏人类赖以生存的生态环境。图 1-18 所示的供应链中,供应商处理原材料,供应给制造商,分销商的工作是把商品推向市场。如果制造商只是注重自身的内部发展,生产产品的能力不断提高,而忽视供应链各环节的相互依存关系,不能恰当应对上下游的突发事件,例如,供应商不能按计划提供原材料或者分销商的销售出现问题,那么制造商肯定会遭遇极大的困难。

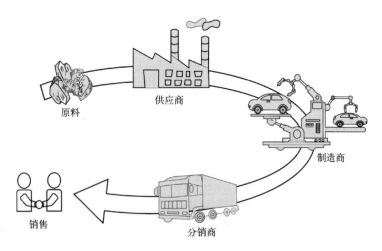

图1-18 供应链的主要环节

企业关注其所在供应链上其他企业的运行状况非常重要。积极利用物联网、大数据、云计算、人工智能等信息技术，结合现代供应链管理理论、方法和技术，发展智能供应链（图1-19）成为提升供应链效率的必由之路。智能供应链强调信息的感知、交互和反馈，使生产、流通、消费环节达到数据可视化，每一个参与者都能了解当前整条供应链的状态和关键信息，为实现供应链的协同运转奠定了基础。

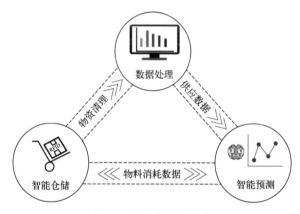

图1-19 智能供应链的构成

供应链是由需求预测驱动的，生产需要根据需求预测来准备产能，采购需要根据需求预测来备料，财务需要根据需求预测来做预算[19]。市场需求受到很多因素的影响，若想要做出较为精准的预测就需要尽可能多地考虑这些影响因素，如图1-20所示。

准确的需求预测需要全面地考虑各种因素，而考虑的因素越多预测模型就越复杂，常规方法很难处理这一问题。随着深度学习技术的快速发展，人们越来越多地关注把深度学习应用到需求预测中[20]。图1-21所示为需求预测算法框架。

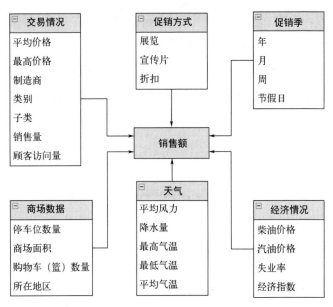

图1-20 用于需求预测的数据

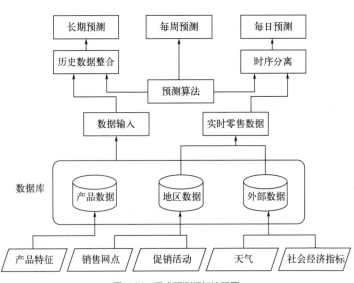

图1-21 需求预测框架流程图

1.3.4 智能服务

　　智能服务是指利用大数据和云计算技术提供基于数据的增值服务。在智能工厂中，一种最为典型的智能增值服务就是"预测性维护"。在生产线中，每一台设备都有一定的生命周期，一旦发生故障，将导致停产停线，一方面会给企业带来直接损失；另一方面也会影响交货期，给企业带来间接的长期负面影响。比如，智能生产线上广泛采用的工业机器人就存在一些常见的问题：减速器故障、接线松动、末端执行器断裂等。为了避免这些故障，需要提前监控与预判，可添加传感器对设备进行关键参数监控，采集设备状态参数，将数据存储到云端，通过大数据服务器和分析软件对设备进行预测性维护，从而减少停机时间和维修成本。预测性维护可定义为：基于安装在设备上的各种传感器，实时监控设备运行状态，准确预判故障发生时间，自动触发报警或修理命令。其基本环节如图1-22所示。

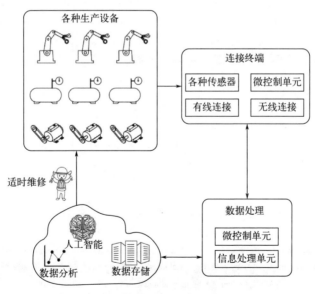

图1-22　预测性维护示意图

小结

本章介绍了制造业的历史沿革,说明了智能制造的特征及其产生的必然性。智能制造并非一种技术,而是一种思维方式,即充分利用最新的科学技术发展成果提升制造水平。智能制造不仅包括生产过程,还包括设计、供应、服务等整个产品生命周期。

参考文献

[1] 斯塔夫里阿诺斯.全球通史[M].吴象婴,梁赤民,译.北京:北京大学出版社,2020.

[2] 巴萨拉.技术发展简史[M].周光发,译.上海:复旦大学出版社,2000.

[3] 施瓦布.第四次工业革命[M].李菁,译.北京:中信出版社,2016.

[4] 张伟伟.图说蒸汽机发展演变的三个阶段[J].系统与控制纵横,2017(1):45-58.

[5] 胡寿松.自动控制原理[M].北京:科学出版社,2013.

[6] 奈特.现代科学简史:从蒸汽机到鹣鲽求偶[M].叶绿青,叶艾莘,陈洁,译.北京:电子工业出版社,2018.

[7] 中野明.IT传:信息技术250年[M].朱悦玮,译.杭州:浙江人民出版社,2021.

[8] 尾木藏人.工业4.0:第四次工业革命全景图[M].王喜文,译.北京:人民邮电出版社,2022.

[9] 陈明,张光新,向宏.智能制造导论[M].北京:机械工业出版社,2021.

[10] 张志君,王宇昆,吴永峰,等.汽车零部件制造工艺及典型实例[M].北京:化学工业出版社,2018.

[11] Nyamsuren P, Lee S H, Hwang H T, et al. A web-based collaborative framework for facilitating decision making on a 3D design developing process [J]. Journal of Computational Design and Engineering, 2015, 02(03): 148-159.

[12] Chen L, Wang W, Huang B. A negotiation methodology for multidisciplinary collaborative product design [J]. Advanced Engineering Informatics, 2014, 28(4): 469-478.

[13] Govella A. Collaborative produnct design: help any team build a better experience[M]. O'Reilly, 2019.

[14] Jang S, Yoo S, Kang N. Generative design by reinforcement learning: enhancing the diversity of topology optimization designs[J]. Computer-Aided Design, 2022(146): 103225.

[15] 陈吉红,胡鹏程,周会成,等.走向智能机床[J].工程(英文),2019,5(4):186-210.

[16] Zhang J, Ding G, Zou Y, et al. Review of job shop scheduling research and its new perspectives under industry4.0[J]. Journal of Intelligent Manufacturing, 2019, 30(4): 1809-1830.

[17] 朱海平.生产系统建模与仿真[M].北京:清华大学出版社,2022.

[18] 王无双, 骆淑云. 基于强化学习的智能车间调度策略研究综述[J]. 计算机应用研究, 2022.39(6): 1608-1614.

[19] 刘宝红. 供应链的三道防线: 需求预测、库存计划、供应链执行[M]. 2版. 北京: 机械工业出版社, 2021.

[20] Punia S, Shankar S. Predictive analytics for demand forecasting: A deep learning-based decision support system[J]. Knowledge-Based Systems, 2022(258): 109956.

第 2 章 发展智能制造的驱动力

- 2.1 追求利润
- 2.2 绿色制造
- 2.3 个性化定制

企业的目标是正大光明地追求利润，如果没有增加财富的能力，企业就没有存在的必要。为满足顾客的需求而脚踏实地地努力工作，通过技术革新提高产品和服务的附加价值，企业依此获得的利润是社会给企业的正当回报，因此，企业应该在可持续发展的基础上追求更高的利润，为社会做更多的贡献[1]。发展智能制造，有利于企业实现目标。

2.1 追求利润

2.1.1 改善QCD

企业要实现盈利的目标，就要以优异的质量（quality）、最低的成本（cost）、最快的速度（delivery）向用户提供产品，即改善QCD[2]。生产实践中，改善QCD并非易事：①质量与成本之间存在矛盾，追求高质量往往意味着要提高成本，降低成本往往要牺牲一定的质量，真正做到"物美价廉"当然能提高企业的市场竞争力，不过困难重重；②成本与交货期之间存在矛盾，为了缩短交货期，往往需要提前备货和生产，形成大量库存，提高了生产成本，如果库存不足，一旦出现供应异常，就不能保证交货期，面临失去订单和客户的风险；③质量与交货期之间存在矛盾，一般来说"慢工出细活"，提高产品质量往往意味着延长生产时间，交货期就难以保证，缩短交货期的同时提高产品质量是企业面对的又一难题。

虽然存在诸多困难，但是在激烈的市场竞争中，企业必须持续改善QCD。如图2-1所示，在这一持续改进的过程中，要以生产工艺和生产方法的稳定为基础，做到生产过程的标准化管理，不断提高准时化和自动化水平，才能不断改善QCD，增强企业的市场竞争力，实现更高利润。其中，稳定、标准化、准时化、自动化的含义如下：

- 稳定：生产工艺和生产方法的稳定，这就要求企业的工艺达到同期行业相当甚至领先的水平，否则要么成本高，要么质量差，要么生产周期长；
- 标准化：企业对所有要重复执行的过程，包括各种方法、流程、术语建立标准的动态过程，要不断地形成标准、提高标准，简单明晰的标准可以使异常立刻显现出来，以便及时纠正，如图2-2所示；

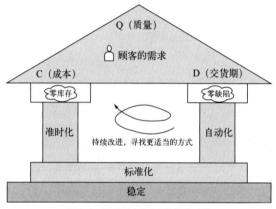

图2-1　精益屋：QCD的持续改善

图2-2　企业标准化水平的提升循环

- 准时化：在正确的时间，按需求的数量，提供需要的产品，实现准时的最终目标是达到"零库存"；
- 自动化：带有人类思维的自动化，意味着用聪明的设备或人识别错误，快速采取应对措施，如图2-3所示，实现自动化的最终目标是达到"零缺陷"。

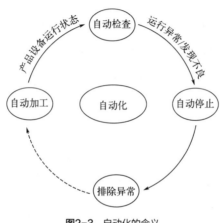

图2-3 自动化的含义

2.1.2 推进智能制造

推进智能化生产有利于提升工艺水平，达到更高的准时化和自动化。比如，采用智能设备和智能调度能够迅速提升工艺水平；发展智能供应链的一个重要目标就是通过确保所有环节按时间节点完成，保证生产的准时化；在生产中采用预测性维护和远程运维技术，将为自动化的实现奠定基础。在推进智能制造的过程中，企业要切实评估自身的短板，具备智能改造的基础时，要切实评估新技术对企业发展的推动作用，这种务实态度具体体现为"三要三不要"原则[3]：

① 不要在落后的工艺上搞自动化——要在优化工艺问题之后实施自动化;

② 不要在落后的管理上搞信息化——要在现代管理理念和实施基础上实施信息化;

③ 不要在不具备数字化、网络化基础时搞智能化——在智能化之前,务必解决好制造技术和制造过程的数字化和网络化问题;

④ 智能制造标准规范要先行——企业要认真领会智能制造的国际标准和国内标准,把握智能化升级的方向;

⑤ 智能制造支撑基础要强化——支撑基础包括硬件技术基础和软件技术基础;

⑥ 赛博物理系统(CPS)理解要全面——CPS 是智能制造的核心,是规划未来智能制造场景的参照。

2.2 绿色制造

2.2.1 绿色制造的含义

造成环境恶化的污染物主要来自制造业的排放物,据统计,每年约 70% 的污染物来自于制造业,具体来说,每年大概有 55 亿吨无害废物和 7 亿吨有害废物来自于制造业[4]。因此,考虑环境保护的绿色制造将成为未来制造业重要的发展趋势。

绿色制造又称环境意识制造、面向环境的制造等,指在保证产品功能、质量及成本的前提下,综合考虑环境影响和资源效益的现代化制造模式。其目标是使产品从设计、制造、包装、运输、使用到报废处理的整个产品生命周期中,对环境的负面影响最小,资源利用率最高,并使企业经济效益和社会效益协调优化[5]。

绿色制造概念中的制造是"广义制造",强调在产品全生命周期过程中采取绿色措施[6]。图2-4简单展示了产品的生命周期,绿色制造是一个闭环系统,从产品设计开始,就要注重环保,精益生产,节能增效,争取产品的回收再利用,无法回收再利用的要争取能够再加工,无法再加工的要能够最大限度地回收材料,实现材料的循环使用,最终使释放到自然环境中的废弃物或污染物最小化。

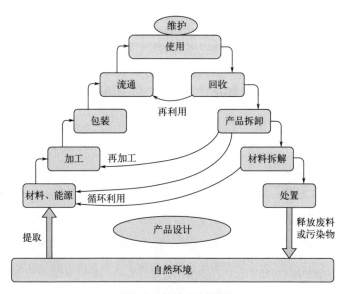

图2-4 产品的生命周期

2.2.2 绿色制造的紧迫性

如图2-5所示,推进"绿色制造"已经成为企业的需求,原因主要来源于三个方面:监管压力、降本增效和竞争压力。

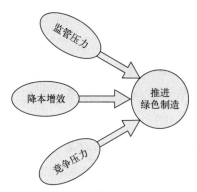

图2-5 企业推进绿色制造的动机

- 监管压力：党的十八大以来，习近平总书记多次强调和阐述绿水青山就是金山银山的理念，指明了实现发展和保护协同共生的新路径。我国把工业污染防治作为环境保护工作的重点，制定了"预防为主，防治结合""谁污染，谁治理""强化环境管理"三大环境保护政策，积极推行清洁生产，加速技术改造，强制淘汰污染重、能耗高、物耗高的设备和产品。
- 降本增效：减少生产过程中产生的废物是"精益生产"理念的一个重要目标[7]，最大限度地减少制造业中的废物产生，可以有效地减少废物管理和材料消耗的成本，相应地可提高制造业的利润率。
- 竞争压力：公众的环保意识越来越强，消费者或者客户通常会优先选择那些在市场上具有更好环境形象的制造商，因此，企业通过实施绿色制造战略可以在市场上获得竞争优势。

2.2.3 智能化赋能绿色化

可持续发展是智能制造的发展图景中非常重要的部分。企业的智能化必然要求协同设计和绿色设计，环境友好是智能产品的重要性能指标

（图2-6）。智能化只能在企业达到较高的精益生产的基础上发展，是精益生产朝向更高水平发展的必经之路，而最大限度地降低能源和材料的损耗是精益生产的关键目标。智能供应链中的需求预测和智能物流是两个重要环节，需求预测是企业能够更加精准地把握市场需求信息，从而把库存降到最低，最大程度地减少生产资源浪费；智能物流要实现的最近仓库供应和路线优化就包含了降低资源消耗的目标。

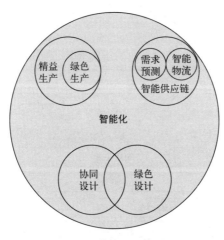

图2-6　智能化助力绿色制造

绿色制造要求在产品全生命周期综合考虑，在产品设计时就需要充分考虑原材料到产品废弃处理全过程所有的活动对环境的影响，全面评价产品全生命周期的环境影响，确定最佳设计方案。据分析，产品的设计阶段就决定了产品整个生命周期80%的危害[8]。

产品全生命周期管理系统（product lifecycle management，PLM）的发展与完善有利于推进绿色制造。产品全生命周期管理系统支持整个产品全生命周期的产品协同设计、制造和管理，包括概念设计、产品工程设计、生产准备和制造、售后服务等整个过程。其主要功能模块如图2-7所示。

通过集中统一管理的产品全生命周期数据，将有助于推进绿色设计，评估绿色措施的最终效果，具体体现在市场需求、产品设计、工艺资源、工艺路线、制造过程监控、产品质量检测、产品维护以及报废与回收等环节，如图2-8所示。产品生命周期中所采用的绿色化措施及其效果，作为管理系统积累的重要数据资产，为产品的持续改进提供了分析基础。

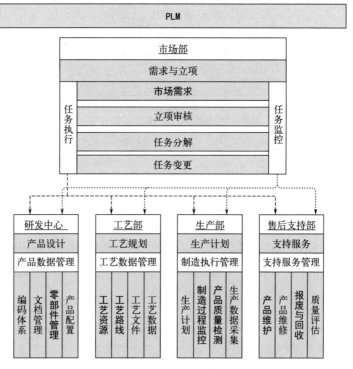

图2-7　产品全生命周期管理系统功能模块简图

第2章 发展智能制造的驱动力

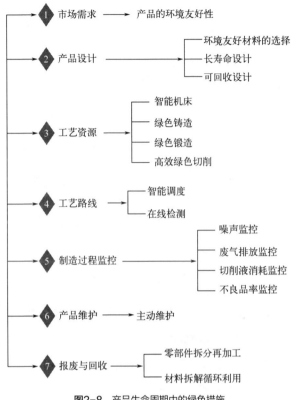

图2-8 产品生命周期中的绿色措施

2.3 个性化定制

2.3.1 制造模式的演化

到目前为止,制造模式经历了手工生产、机器生产、大批量生产、大规模定制和个性化定制等几个发展阶段,图2-9描述了美国汽车制造业生产模式的变迁[9],其他产业也有相似的过程。

47

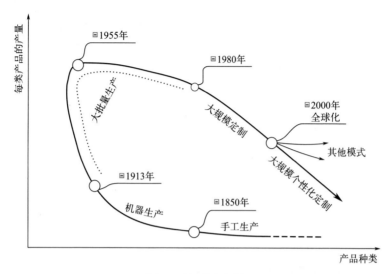

图2-9 制造模式的演化

在工业化时代之前,人们从事的都是手工生产。产品的设计者、生产者甚至消费者合而为一。这个时代的产品都是"个性化"的,大家各自缝制自己要穿的衣服、各自加工自己要使用的工具、各自建造自己要住的房子,但是,生产技术水平低下,生产率低,社会商品匮乏。

第一次工业革命以后,机器的出现开始大幅提升生产力水平,原材料价格大幅下降,比如在纺织行业,1786 年,英国棉纱是 38 先令每磅,1800 年下降到 9.5 先令每磅,1830 年下降到 3 先令每磅[10]。这时的生产力提升主要体现在原材料环节,在产品制造环节仍然是手工生产,生产率仍然较低,产品的个性化程度很高。

第二次工业革命以后,零件开始标准化,产品制造被细分为多个环节,每个环节由专门的工人负责流水生产线,使产品生产效率有了革命性的提升,大批量生产时代开启了。20 世纪 10 年代,利用电力这种新兴的动力,

第2章 发展智能制造的驱动力

福特成功建设了汽车装配流水线，把汽车装配时间从 12h 缩短到 1.5h，把汽车售价从大约 1500 美元降到了大约 800 美元。福特的 Model-T 型车从问世到停产共生产了超过 1500 万辆，由于是标准化、流水线生产，这一型号的汽车无论是质量还是外观都有很高的一致性。后来，随着计算机控制技术快速发展，自动化水平越来越高，越来越多的自动化设备和自动化装置替代了人工，出现了自动化流水线，产品制造过程中人的影响力逐步降低，提高了生产效率的同时，也有利于管理的标准化[11]。

到了 20 世纪 80 年代，生产力已经发展到了较高水平，社会财富积累到了较为丰富的程度，生产与消费的关系从"供不应求"变为"供大于求"，为了在激烈的市场竞争中获得优势，企业对消费者进行细分，以更好地满足消费者的需求。同一产品的某些属性可以根据消费者的要求改变，最简单的就是颜色，另外还有一些附加功能，比如座椅外皮的材质、音箱的品质等。消费者可以在有限的选项之间选择，在实现有限个性化的同时，制造的成本也不会大幅上升。

进入新世纪，互联网的普及使消费者的信息获取或交换变得极为便利，同时社会物质财富更加丰富。在这样的环境下，追求个性化的需求与日俱增，比如，个人物品要符合个人形象，重要时刻的纪念品，重要礼品等，个性化产品市场前景广阔。

> 制造业的明天，一半以上的制造为个性化定制，一半以上的价值由创新设计体现，一半以上的企业业务由众包完成，一半以上的创新为创客极客攻克。
>
> ——中国工程院院士 卢秉恒

需要说明的是，每个时期，同时存在的生产模式都不是唯一的，由于

49

不同行业的不同特点,再加上不同地区社会经济发展步伐不一致,各种生产模式是并存的,哪怕个性化产品也包含通用的模块、定制的模块以及个性化的模块,如图 2-10 所示,不同时期对于生产模式的关注点不同[12]。

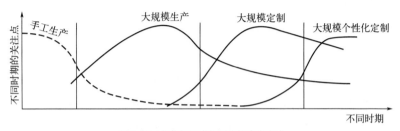

图2-10 与市场需求相适应的生产方式

在第一次工业革命之前,限于技术条件,生产方式主要是手工加工,此时生产效率很低,社会物质财富匮乏。第一次工业革命之后,随着机械设备的出现,开始了大规模生产,生产成本下降,生产效率提升,社会财富迅速增长。随着物质财富的增长和生产技术的进步,工业生产可以在一定程度上满足人们的定制需求,主要表现在各种产品型号、系列的丰富,满足不同群体的需要。进入 21 世纪之后,人们不再满足于产品的基本功能,更要凸显个性,这种社会需求使得生产要在单件小批量的状态下完成,同时由于激烈的市场竞争,产品价格不能大幅提升,这就给生产商带来了巨大压力,必须充分利用科学技术的最新发展成果实现单件小批量且高效的生产。

2.3.2 个性化定制的定义

个性化定制是指基于新一代信息技术和柔性制造技术,以模块化设计为基础、以接近大批量生产的效率和成本,提供满足客户个性化需求的产品的一种智能服务模式。

满足客户的个性化需求强调用户参与产品生成的全过程,制造商与消费者直接联系,如图 2-11 所示,这种模式被称为 C2M(customer-to-manufacturer)。在这种模式下,客户(消费者)直接通过平台下单,工厂接收消费者的个性化订单,根据要求进行设计、采购、生产、发货等,客户可根据自己的意愿获取产品的过程信息。与传统商业模式相比,库存、分销、代理等环节被去掉,消减了中间环节,有利于控制成本。

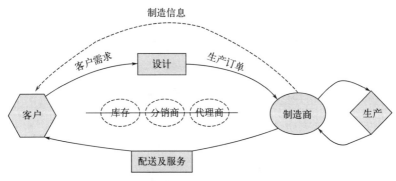

图2-11　C2M商业模式示意图

在订单阶段,客户与制造商之间的关系如图 2-12 所示,作为制造商与客户媒介的设计师是具有专业设计知识的人或者系统,客户向设计师提出需求,设计师根据需求提供多个设计方案,制造商要检查这些方案,确保设计方案的制造可行性,然后把可行的设计方案提供给客户,由客户确定最终方案。

与传统的制造模式相比,若成功实现个性化定制,就能够融合大批量生产和单件定制生产的优点,如图 2-13 所示[13]。个性化定制以大批量生产的效率进行定制产品的生产,即个性化产品在满足消费者独特需求的同时,其成本与大批量生产的成本一样低,交货期与大批量生产的交货期一样短,质量与大批量生产的质量一样稳定。另外,由于是根据消费者需求进行生产,所以能够减少库存积压,降低企业经营压力。

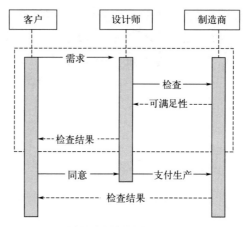

图2-12 个性化定制中客户与制造商的交流过程

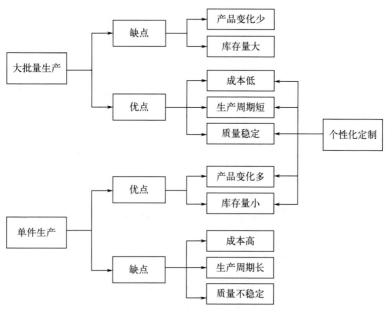

图2-13 个性化定制的优点

2.3.3 个性化定制的实施途径

虽然个性化定制是制造业发展的重要趋势，具有很多优点，但是实现个性化定制仍然存在很多技术难点，全面推进智能制造是实现个性化定制的必经之路。在消费者参与的产品设计中，必须提升模块化设计的水平，才能在满足消费者需求和制造可行性之间保持平衡。在多样化的产品制造中，必须提升生产线的灵活性与适应性，必须改变大批量生产中的那种只能生产一种产品的生产线，也就是需要提升生产系统的"柔性化"程度。

2.3.3.1 模块化设计

模块化设计就是将产品根据功能分解为若干模块，通过模块的不同组合，得到不同规格的产品，以满足消费者不同的需求。模块是指一组具有同一功能和接口的单元，其性能和结构不同，但可以互换。模块是可以重用的，在设计阶段通过选择不同的模块搭建个性化的产品，而不是从零开始设计，因此能够缩短设计周期。虽然每种成品的数量很少甚至唯一，但是模块是不唯一的，可以实现量产，从而保证较低的成本和稳定的质量。

模块化设计并非不同产品的所有组件都是不同的，同系列的产品由通用模块和个性化组件或个性化元素组成，即

个性化产品 = 通用模块 + 个性化组件/个性化元素

其中，通用模块提供了产品的框架和基本功能；个性化组件或个性化元素由用户决定，体现了产品的不同功能或不同参数。

例如，大众集团的 MQB 平台（横置发动机模块化平台）以衍生性更强的核心模块为基础，允许对前悬、后悬、轴距甚至悬架等进行不同组合，已经有超过 60 款车型。尽管这些车型拥有截然不同的外形、尺寸、轴距或者轮距，但它们的发动机的布置是统一的，油门踏板到前轮中心的距离不变，发动机安装倾角不变，因此，很多结构上的零配件都可以通用。

在规划产品模块时要注意,并不是把模块划分得越多越好。虽然把模块划分得越多,越能够细分产品规格,能够更好地满足消费者的个性化需求,但是,模块划分越多,每种模块的批量就会越小,从而导致模块的制造费用增加,成本提高;模块划分越多,产品组装流程越复杂,对生产线的要求越高,生产时间增加,交货期延长。因此,个性化产品要平衡模块化、价格、交货期三个环节,如图2-14所示。

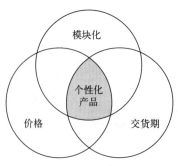

图2-14 个性化产品的平衡

产品模块规划要解决的问题就是以最少的模块组合出最多的产品,同时避免模块设计的重复和功能冗余[14]。产品模块化可分为四个步骤:

① 进行市场调研和用户需求分析,确定要设计的产品范围,建立产品矩阵;

② 确定基型模块,建立基型模块矩阵;

③ 通过功能变异或尺寸变化产生变形模块,建立每个基型模块的变型模块矩阵;

④ 综合基型模块和变型模块,建立全系列模块矩阵。

目前,基于设计结构矩阵的产品模块化规划方法是最受关注的个性化产品设计方法[15, 16],如图2-15,该方法设计产品的步骤如下。

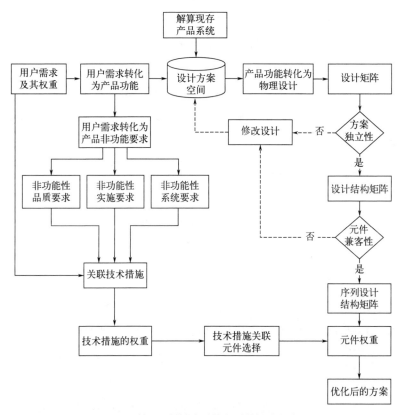

图2-15 基于设计结构矩阵的产品模块化规划步骤

步骤1：把用户需求转化为一组相互独立的功能需求，这些功能即产品设计要求，其中不同的用户需求有不同的权重；

步骤2：对现有的产品系统进行解算和评估，为每种功能需求找到一组可行的设计方案，这组解决方案就是针对其功能需求的解空间；

步骤3：根据当前产品需求和解空间，建立产品设计矩阵，该矩阵建立了所有需求与设计方案的相关性；

步骤4：根据产品设计矩阵检查解决方案的独立性，因为两个需求的

解决方案可能存在干涉,保持设计方案的独立性有利于产品设计的实现;

步骤5:根据步骤3生成的设计矩阵,确定设计一组设计参数,形成设计结构矩阵;

步骤6:通过技术可行性检查对得出的设计结构矩阵进行评估,当一组设计参数能满足所有功能要求,同时它们之间的相互作用不违反物理定律、特性和约束条件时,该设计就是技术可行的。

随着大数据和人工智能技术的发展,从大量订单及产品使用反馈中挖掘用户需求已经受到越来越多的关注[17, 18]。在生产变型模块的环节中,充分利用机器学习技术,可以帮助设计师快速生成多种方案,既能减轻设计师的工作量,又能提高产品模块化的速度[19, 20]。

2.3.3.2 柔性制造

柔性就是能够适应变化的灵活性,柔性制造是能适应加工对象变换的自动化制造方式,为了达到柔性制造能力而设计的包含信息控制系统、物料储运系统和数控设备的统一系统就是柔性制造系统(flexible manufacturing system,FMS)。如图2-16,在柔性制造系统中,一组合理布置的机器设备,由自动装卸及传送系统连接,经计算机系统集成为一体,原材料和待加工零件在计算机控制系统的指挥下,在传输系统上装卸,根据加工工艺要求在不同的加工设备上完成相应加工。

需要指出,一条柔性生产线并不能生产制造所有的产品,要求柔性生产线能够生产差别很大的产品是不切实际的。就目前的技术而言,卡车和轿车不可能在同一条生产线上完成,悬架和轮毂也不可能在同一条加工线上完成。设计柔性生产线能够完成同族产品尽可能多的系列是较为实际的追求。

提高柔性制造能力要求:①加工设备具有较高的柔性;②实现较高水

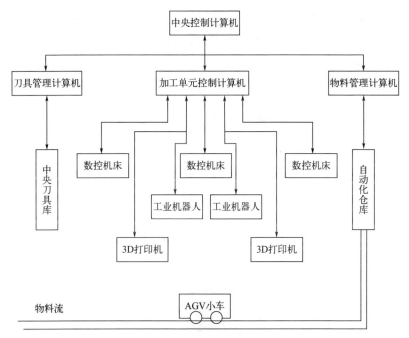

图2-16 FMS基本组成示意图

平的智能调度。柔性加工设备能够降低调度的复杂程度,关于智能调度已在第1章介绍过,下面主要介绍柔性设备——工业机器人和3D打印机。

(1)工业机器人

工业机器人是面向工业领域的多关节机器臂,具备多个自由度,可以按照预先编排的程序运行,靠自身动力和控制能力来实现各种功能。工业机器人具备较强的通用性,可根据需要更换不同的末端执行器(手爪)以执行不同的任务。可编程是工业机器人的显著特点,可随其工作环境的变化执行不同的程序,在小批量、多品种、具有高效率的柔性制造过程中能发挥很好的功用,因此成为柔性制造系统的重要组成部分。

图 2-17 所示为最常见的一种工业机器人——六轴机器臂。这种机器臂

由七个金属部件构成，金属部件用六个关节接起来，装在控制柜中的计算机控制与每个关节分别相连的伺服电机，伺服电机以增量方式准确转动，驱动六个关节向六个不同的方向转动，从而完成手爪的定位。机器臂与人类的手臂相似，关节相当于人类手臂的肩膀、肘部和腕部。它的"肩膀"一般装在一个固定的基座结构（而不是移动的身体）上。

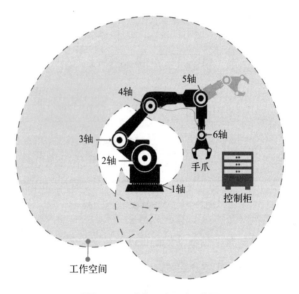

图2-17 工业机器人原理示意图

人类手臂的作用是将手移动到不同的方位，相似地，机器臂的作用是移动末端执行器（手爪）。人手有达不到的位置，比如很难够到肩胛骨，类似地，机械臂也有自己的工作空间，如图 2-17 中虚线所围成的区域，而本体附近的区域是手爪达不到的。

人类手臂的工作约 80% 以双手为主，只有约 20% 以胳膊为主。工业机械臂虽然在完成人类胳膊为主的工作上具有很大的优势，比如负载重、速度快、精度高,但是在以双手为主的工作中还难以与人手匹敌,主要原因是末端执行器的灵活性还比较差。

当前,工业领域应用的机器人大部分都不具有智能,随着市场需求的不断增长和技术的不断升级,工业机器人的自适应能力会大幅提升,除了增加各种反馈传感器,还要运用人工智能中的各种学习、推理和决策技术,使机器人拥有记忆能力、语言理解能力、图像识别能力、推理判断能力等。

为了把工业机器人变成一种真正的智能设备,还需要不断地扩展功能和提升性能,重点要研究的问题包括[21]:

① 环境理解问题:研究机器人在自然、不可预知、动态环境中的感知。

② 行为方式及安全问题:研究机器人和人紧密接触、密切配合的行为,以及保证在这个过程中人-机-物安全的技术。

③ 交互问题:研究机器人作为"人类助手"乃至进入普通人生活后与之相适应的友好、智能、自然的人机交互技术。

④ 学习与进化问题:研究基于反馈思想的在线学习方法,通过不断地在线学习和吸收他人的观点,提高自身能力,实现进化,使其能够适应外界不断变化的环境和复杂多变的作业任务。

(2) 3D 打印机

3D 打印是一种增材制造方法,把三维数字模型作为打印对象,通过层层叠加目标材料生成打印对象。3D 打印完成的物品是由很多层的切片组成的,如图 2-18 所示。

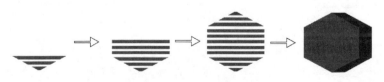

图 2-18 3D 打印的过程示意图

3D打印是一种快速加工技术，相比于传统的切削加工，3D打印的过程简单直接，只要有对象的三维模型，经过软件处理（主要是切片），把处理好的文件发送至3D打印机，就可以进行打印了。而传统的切削加工，一个零件往往有几十道工序，为了保证加工质量和加工效率，几乎每道工序都要准备专用的工艺装备，生产门槛很高，如果零件只生产几件，那它的成本会使人望而却步，只有批量较大时才能把价格控制在较低的水平。

3D打印（图2-19）有助于提高企业的工作效率、缩短产品的开发周期及提升企业的柔性制造能力。大规模定制生产企业，通过FMS与网络化制造的有效整合所形成的柔性生产，是一种市场导向型的按需生产。其优势是增强大规模定制企业的灵活性和应变能力，缩短产品的生产周期，提高设备的利用率，改善产品质量。企业要形成柔性的生产制造能力，需要实施与之相应的柔性管理。柔性管理即在动荡变化的环境下针对市场的复杂多变性、消费需求的个性偏好进行管理。

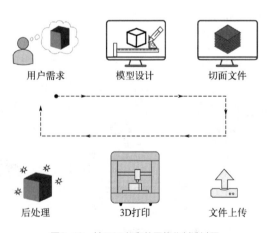

图2-19　基于3D打印的网络化制造过程

在制造领域，3D 打印主要用于快速制造概念模型、模具和夹具，随着 3D 打印技术成熟度的提高、3D 打印机价格的下降以及可 3D 打印材料的增加，直接数字化制造的比例会越来越高[22]，如图 2-20 所示。在产品模块化设计的基础上，通用模块采用常规的大批量生产模式，个性化模块采用 3D 打印制造，充分发挥不同制造方式的优势，将使个性化定制得到更快的发展。

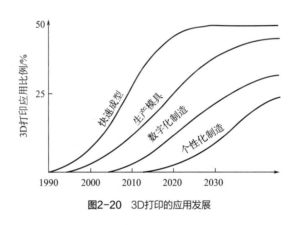

图2-20 3D打印的应用发展

3D 打印的一个绊脚石是材料。虽然高端工业打印可以实现塑料、某些金属或者陶瓷打印，但材料都是比较昂贵的。另外，现在的打印机也还没有达到成熟的水平，无法支持我们在日常生活中所接触到的各种各样的材料的打印。研究者们在打印材料的开发方面已经取得了长足的进展，可用于 3D 打印的材料越来越多，为用户提供了更多的选择空间，如图 2-21 所示。

3D 打印对材料的要求非常高。只有选择高质量的材料，才能保证打印出来的产品质量达到预期。在选择材料时至少要考虑以下几个方面。

① 原料纯净，如果原料中含有杂质，可能会导致打印出来的产品出现瑕疵；

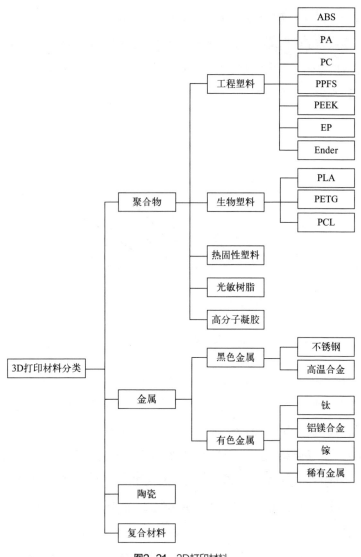

图2-21 3D打印材料

② 可加工性好，如果材料的可加工性差，可能会导致打印过程中出现堵塞、失真等问题；

③ 价格适中，成本是企业在选择材料时必须要考虑的因素之一，材料的成本要适中，不能过于昂贵，否则会增加企业的生产成本，但是目前能够用于实际工程的金属打印材料价格仍然非常高，只能在一些有特殊要求的产品中采用；

④ 稳定性好，材料的稳定性是指在打印过程中保持一致的性能，材料的稳定性差，打印出来的产品在冷却的过程中各处收缩幅度不一致，就会出现尺寸偏差、变形等问题。

2.3.4 个性化定制案例

（1）案例1 海尔冰箱

海尔互联工厂在自动化基础上实现数字化集成、设备集成互联、高柔性化生产模式；通过大数据实现大规模定制、个性化生产；以用户为中心，通过信息互联，构建了联用户、联网器、联全流程三大互联架构，实现全流程的实时互联。个性化定制将用户碎片化需求整合，由传统的为库存生产转变成为用户创造，用户全流程参与设计、制造，把"消费者"变成"创造者"，用户参与定制全流程。海尔公司为用户提供冰箱设计的绝大部分参数，用户可根据情况选择，如图2-22所示。设计师能够与用户沟通以确定细节，提升用户个性化定制体验。

- 尺寸定制：可以根据客户的需求定制不同尺寸的冰箱，例如定制大型冰箱以适应大家庭，或者定制小型冰箱以适应较小的空间。
- 内部定制：可以根据客户的需求定制不同的内部结构，例如定制多层架以容纳更多的食物或饮料，或者定制特殊的抽屉来存储特定类型的食品。

款式：	对开门	十字对开门	多门	三门	两门	单门
容积：	>600升	501~600升	401~500升	301~400升	<300升	
颜色：	白色	金色	银/灰色	黑色	蓝色	其他
面板材质：	钢化玻璃	彩钢	不锈钢			
能效等级：	1级	2级	3级			
控温方式：	电脑控温	电子控温	机械控温			
宽度：	<55cm	55.1~60cm	60.1~65cm	65.1~70cm	80.1~85cm	>85cm
高度：	<100cm	100.1~150cm	150.1~160cm	170.1~180cm	180.1~190cm	>190cm
长度：	<50cm	50.1~55cm	55.1~60cm	60.1~65cm	65.1~70cm	70.1~75cm
其他：	Wi-Fi智控	纤薄机身	风冷无霜	净味保鲜	大冷冻空间	干湿分储 母婴空间

图2-22 海尔冰箱个性化定制参数示意图

- 能效等级定制：可以根据客户的需求定制不同的能效等级，以满足客户的能源消耗要求。
- 外观定制：可以根据客户的需求定制不同的外观，例如定制不同的颜色、贴花或者绘画来符合客户的审美需求。
- 功能定制：可以根据客户的需求定制不同的功能，例如定制风冷无霜或者干湿分储功能以适应客户的需求。

（2）案例2　五菱宏光Mini EV电动汽车

五菱宏光Mini EV电动汽车，上市仅几年时间就以破百万的销量被业界关注，甚至掀起了一波微型电动车的风潮。究其原因，除了时尚可爱的外观，最吸引人的就是其琳琅满目的个性化方案，达到了"千车千款"。五菱宏光公司的手机客户端提供了称为"Ling Lab"的定制页面，用户进入该页面，就可以挑选所需的各种选装项目，如行李箱、行李框、轮圈盖、车贴、色膜、镭雕装饰件等，如图2-23所示。

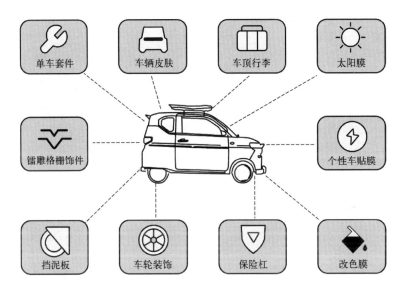

图2-23 五菱宏光Mini EV的个性化定制项目示意图

个性化定制要在安全的基础上进行。例如，车内中控不能放太多小摆件，因为车子启动或急刹车时会有掉落风险；加大轮毂的尺寸会影响续航、驾驶感受等，且不能进行备案；不建议拆换方向盘，因为这样做会影响方向盘附近的安全气囊；车顶行李箱的高度不能超过30cm，太高的车顶行李箱会影响车辆的稳定性。

所有的个性化方案都要符合车辆管理规定。比如外观，贴纸面积如果超过车身表面积的30%，就要对整车颜色进行备案；前后座椅位置不能变动，因为改变车内构造是不合法的。

（3）案例3 红领西服

红领集团的个性化定制方案在业界被称为"红领模式"。红领西服以消费者为中心、按需制作，如图2-24所示。相比于成衣模式，红领模式能够为消费者提供个性化的产品，而且没有库存压力；相比于纯手工的高定模式，红领模式具备制作效率和价格的优势。

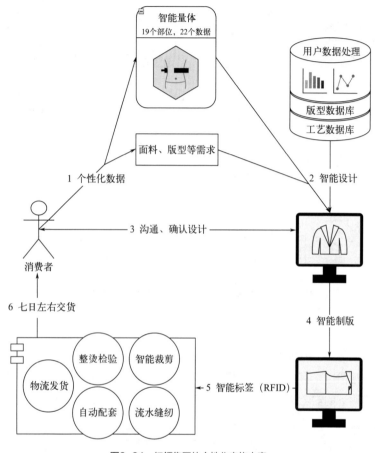

图2-24 红领集团的个性化实施方案

在红领模式中,消费者通过客户端预约量体,若自己已经掌握精确的尺寸信息,也可以直接在网站上填写。这些信息导入平台之后,消费者可自主选择款型、面料、色系、花型等参数。系统会根据用户信息结合大数据信息,通过人工智能完成详细设计。消费者可根据3D模型,细致观察设计结果,经沟通、确认后,服装进入制作环节。每一件服装都有唯一的

RFID标识，工人先通过电脑核实服装信息，再进行精细操作，每一件衣服的加工要求都不相同。由于裁剪、缝纫、整烫检验、配套、发货等环节都通过信息系统流畅连接，因此制作效率特别高，一般七天左右即可送达客户。

小结

本章从企业的视角说明了发展智能制造的意义。在大规模个性化定制、绿色制造等社会需求下，企业需要新的制造思路和制造模式。智能制造是目前最高端的制造理念，要推进智能制造，企业首先要达到较高技术水平和管理水平，比如已达到先进的工艺水平和成熟的信息化管理水平。支撑智能制造的物质基础是智能工厂，它必须广泛采用新的技术和设备才能使新的制造模式成为现实。

参考文献

[1] 涩泽荣一. 论语与算盘[M]. 余贝, 译. 北京：九州出版社, 2012.
[2] Dennis P. 简化精益生产(原书第2版)[M]. 曹岩, 杨丽娜, 译. 北京：机械工业出版社, 2017.
[3] 刘强, 丁德宇. 智能制造之路[M]. 北京：机械工业出版社, 2021.
[4] 311供应链研究院. 绿色制造趋势下的工业发展[EB/OL]. (2022-12-20)[2014-01]. https://zhuanlan.zhihu.com/p/62427852.
[5] 石文天, 刘玉德. 先进制造技术[M]. 北京：机械工业出版社, 2017.
[6] 牛同训. 现代制造技术[M]. 2版. 北京：化学工业出版社, 2018.
[7] 杨申仲. 精益生产实践[M]. 北京：机械工业出版社, 2010.
[8] 顾新建, 顾复. 产品生命周期设计：中国制造绿色发展的必由之路[M]. 北京：机械工业出版社, 2018.
[9] Koren Y. The global manufacturing revolution: product-process-business integration and reconfigurable systems[M]. New York: John Wiley & Sons, 2010.
[10] 王晓峰. 蒸汽机[J]. 三联生活周刊, 2006(47).
[11] Noble D F. 生产力：工业自动化的社会史[M]. 李凤华, 译. 北京：中国人民大学出版社, 2013.
[12] 姚锡凡, 景轩, 张剑铭, 等. 走向新工业革命的智能制造[J]. 计算机集成制造系统, 2020, 9

[13] 马耀,王国栋,刘国华.基于一阶理论的个性化定制需求可满足性研究[J].燕山大学学报,2022,46(6):555-561.

[14] 姜慧,徐燕申,谢艳,等.机械产品模块化设计总体规划方法的研究[J].机械设计,1999,12:48-50.

[15] 王爱民,孟明辰,黄靖远.基于设计结构矩阵的模块化产品族设计方法研究[J].计算机集成制造系统,2003,9(3):214-219.

[16] Fazeli H R, Peng Q. Generation and evaluation of product concepts by integrating extended axiomatic design, quality function deployment and design structure matrix[J]. Advanced Engineering Informatics, 2022(54): 101716.

[17] 李成梁,赵中英,李超,等.基于依存关系嵌入与条件随机场的商品属性抽取方法[J].数据分析与知识发现,2020,4(5):54-65.

[18] 谭毓芳,司文超,叶子龙,等.基于细粒度情感分析的手机用户需求发现系统研究[J].信息与电脑,2022,34(8):120-122.

[19] 蒲骄子,李延来,刘宗鑫.基于文本挖掘与神经网络的高速列车意象造型设计[J].机械设计,2017,9:101-105.

[20] 李阳.吕健,刘翔.基于BP神经网络的木制民居个性化定制[J].计算机工程与设计,2020,8:2374-2380.

[21] 知乎专栏.工业机器人发展现状与趋势[EB/OL]. https://zhuanlan.zhihu.com/p/26788051.

[22] Barnatt C. 3D打印:正在到来的工业革命[M]. 2版.赵俐,译.北京:人民邮电出版社,2016.06.

第3章 智能工厂

- 3.1 智能工厂的目标
- 3.2 智能工厂规划的基础
- 3.3 智能工厂模型
- 3.4 系统集成

充分利用最新技术打造智能工厂（图 3-1），是实现大规模个性化定制的必经之路。智能工厂要在制造信息化的基础上，利用新一代计算机技术和信息技术加强信息管理和服务，合理计划排程，提高生产过程可控性，减少生产线人工干预，实现绿色、高效、高品质、柔性化生产。智能工厂能够充分体现精益生产理念，实现拉动式生产，最大限度消除浪费，借助信息化工具和智能设备，打通产品的设计、生产、销售、维护等各个环节，优化生产调度和资源配置，提升企业的综合效益。

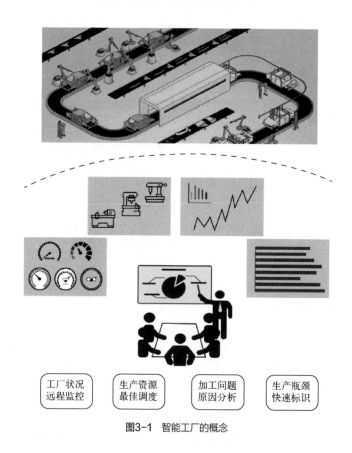

图3-1 智能工厂的概念

3.1 智能工厂的目标

智能工厂的终极目标是实现下面的销售过程：顾客通过网络下单，订单信息直达工厂的控制中心，控制中心通过自动排程系统把生产任务下达到车间生产线，生产线在仿真系统的辅助下协调调度生产设备，以最快的速度、最好的质量、最低的成本完成加工，通过物流系统把产品交到顾客手中。

在技术环节，智能工厂要做到以下五个方面（图3-2）。

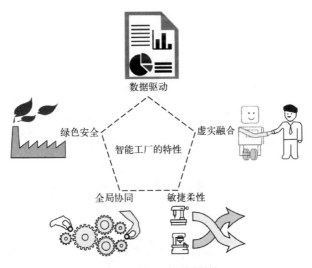

图3-2 智能工厂的技术特性

数据驱动：建立"采集、建模、分析、决策"的应用闭环，通过数据分析洞察规律，为行动提供精准预测；

虚实融合：物理对象在数字世界中存在对应的数字映像，二者实时交互，在数字世界中自动实现观察、分析、预测对象的行为与状态；

敏捷柔性：以大批量生产的高效率、低成本、高质量实现个性化订单的生产和交付；

全局协同：通过网络化方式进行资源共享和调度，企业内外业务各环节各层次贯穿打通，向网络化协同、共享制造迈进；

绿色安全：在双碳目标的引领下，以数字技术赋能环保安全技术创新，提升能耗、污染、危险等问题的管控能力，迈向绿色制造，兼顾经济效益和社会效益。

推进智能制造就是要对制造过程的各个环节推进智能化（图3-3）。

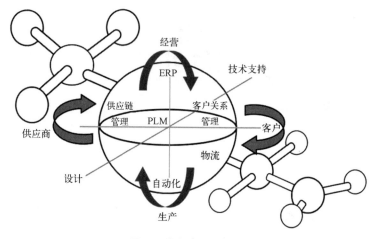

图3-3　智能化的制造环节

智能设计：应用现代信息技术，采用计算机模拟人类的思维活动，使计算机能够更多、更好地承担设计过程中各种复杂任务，成为设计人员的重要辅助工具，构建覆盖产品全生命周期的数字模型。

智能生产：使用智能装备、制造执行系统、信息物理系统组成的人机一体化系统，实现智能调度、物料自动配送、状态跟踪、优化控制、质量追溯和管理、车间绩效等，达到绿色、高效的柔性生产。

智能运营：通过运用新一代信息技术打通企业各环节数据，实现信息贯通，形成业务数据化、数据资产化；通过自动化、智能化技术，实现生产、经营、管理的实时监控、即时调度和敏捷决策，实现全业务、多场景、全过程一体化。

智能服务：通过捕捉用户的原始信息，充分利用后台积累的数据，构建需求结构模型，进行数据挖掘和商业智能分析，明确客户的显性需求和隐性需求，主动给用户提供精准、高效的服务。

智能决策：利用人类的知识并借助计算机通过人工智能方法来解决复杂的决策问题。

3.2 智能工厂规划的基础

智能工厂不能建立在低效的生产模式之上。智能制造作为目前最高级的生产模式，以标准化、信息化为基础，需要企业研发、生产、信息、供应等部门的协作方能实现。智能制造系统复杂程度高、初期投资大，可能短期内难以见到效益，在进行智能工厂规划时，至少需要考虑以下几个方面，使智能工厂规划达到前瞻性和实效性的平衡。

3.2.1 工艺分析

工艺分析是把整个生产系统作为分析对象，目的是改善整个生产过程中不合理的工艺内容、工艺方法、工艺程序和作业现场的空间配置。通过考查与分析，设计出经济合理、最优化的工艺方法、工艺程序、空间配置。工艺分析的内容包括核心参数、核心工艺，生产类型、生产纲领等，如图 3-4 所示为离散型制造零部件时的工艺分析内容。

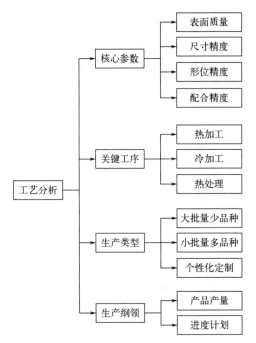

图3-4 零部件工艺分析内容

在设计产品生产流程时，应尽可能使各个步骤更经济合理，深度融入绿色制造、柔性制造、敏捷制造理念，使生产达到最佳顺序。要尽量减少无效的物料搬运等无效操作，可采用工业机器人、AGV小车等现代车间物流设备，调整生产现场布局，提高物料的转运效率。注意采用新设备，例如新型数控机床，一次装夹可完成多项加工任务，能够缩短加工步骤。要详细分析工序之间的产能差异，通过调整或合并，保持并行工序之间的协调。

提高质量是保证企业市场竞争力的关键环节之一，要贯彻质量是设计、生产出来的，不是检验出来的理念。质量控制活动与生产加工过程要统一规划，要把质量管理作为核心业务流程，嵌入生产流程中，作为工序或工步来处理。质量控制点需根据生产工艺特点合理设置,质量控制点设置太多会影响生产效率,设置太少则会升高质量风险。采用精密数控机床加工时,产品的尺寸精度是靠机床来保证的,经过调整和试加工之后,尺寸一致性很高,可采用低频抽检。采用最新的视觉检测设备,可在数秒之内检测数十项尺寸,能够实现高效的在线检验。根据采集的质量数据,进行系统分析(图3-5)。

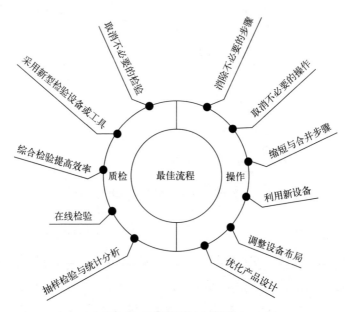

图3-5　工艺流程设计中的关键点

3.2.2　精益生产

当今企业面临竞争加剧、边际利润下降、个性化需求等诸多挑战,实施精益生产是解决企业生存与发展问题的最佳途径。精益生产的概念来源于丰田生产方式，追求以多品种、小批量、高品质、低成本和及时生产满足顾客需求，是一种以最大限度减少生产的浪费、降低企业管理和运营成本为目标的生产方式，同时也是一种文化、一种理念（图3-6）。

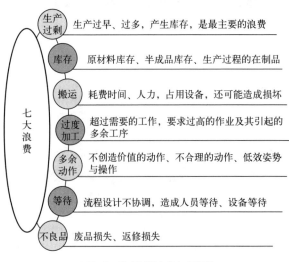

图3-6　生产过程中的七大浪费

精益生产的原则是在客户需要的时候，按照客户要求的产品数量和质量，使用最少的资源进行生产，从而产生最大的效益。如图3-7所示，这个原则可以表现在五个方面：价值、价值流、流动、需求拉动、完美。

价值确定是出发点，产品的价格是由市场决定的。在工业产品数量不能满足市场需求时，价格由生产方决定。

价格 = 成本 + 利润

在工业产品已经非常丰富的今天，客户比以往任何时候都更强大，他们有丰富的选择，因此，在大多数行业，价格是由消费者决定的，对企业来说是固定的，上面的等式应该换一种表达方式。

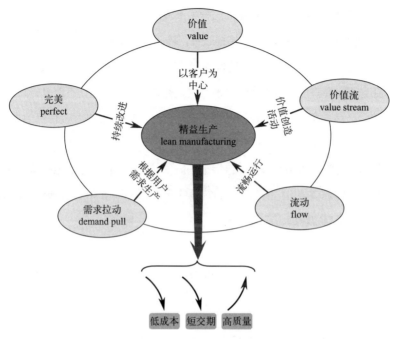

图3-7 精益生产的五大原则

利润 = 价格（固定）- 成本

通过上式，可以认为企业提高效益的唯一途径是降低成本。为了获得市场（需求拉动），企业必须以高质量的产品及时（短交期）满足客户的需求，企业的生产直接与客户的需求对应，避免过早、过量的投入，从而减少库存。

产品的价值是在整个生产过程中，经过一系列生产活动逐渐完成增值的，这个过程就是价值流。要以客户的观点分析价值流中的所有活动，识别真正增值的活动，去掉不必要的活动。

流动是指创造价值的各种活动能够流畅地运转。在工业生产中由于存在部门的划分、生产环节的划分等，使部门间、生产环节之间的交接与转移成为"流动"的阻碍。在生产过程中不良品返修、设备故障、操作失误等都会引发价值流动的中断,造成浪费,降低生产效率,延长交货期。

完美是指追求用尽善尽美的价值创造过程为用户提供尽善尽美的价值。企业为满足用户的要求而全心全意地为之努力,全员参与,不断分析和查找整个产品生命周期中存在的"不完美",持续改进,企业就能保持活力,具备更强的市场竞争力,从而获得更大需求拉动力。

精益生产倡导不断革新,包括市场需求、生产运作、组织结构等方方面面,在实现精益目标的道路上,首要的是 5S 管理,如图 3-8 所示。其他方面还包括目视管理、标准化作业等。

① 5S 管理:5S 为整理、整顿、清扫、清洁和素养的简称,从改善外部环境做起,达到提升人员素养的目标,进而把这种素养带入产品和生产过程;

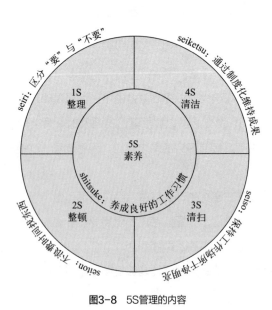

图3-8 5S管理的内容

② 目视管理：使生产环境中的信息"一目了然"；

③ 标准化作业：将现行作业方法的每一操作程序和每一动作进行分解，以科学技术、规章制度和实践经验为依据，以安全、质量效益为目标，对作业过程进行改善，从而形成一种优化作业程序；

④ 价值流分析：以客户的观点分析每一个活动的必要性；

⑤ 瓶颈管理：识别生产过程的瓶颈，并积极改进，做到资源良好匹配；

⑥ 快速切换：产品换线和机器设备调整时，最大程度地压缩前置的时间；

⑦ 准时化生产：指在客户需要的时间、按客户需要的量生产客户所需要的产品，是精益生产管理的最终目的；

⑧ 全员生产维护（total productive maintenance，TPM，图3-9）：目的是事前防范和发现问题，通过全方面维护保养保证机器设备的"零故障"，保障生产的流畅运行。

图3-9 全员生产维护

需要特别注意，TPM 活动就是通过全员参与，并以团队工作的方式，创建并维持优良的设备管理系统，提高设备的开机率（利用率），增进安全性及提高质量，从而全面提高生产系统的运作效率。设备维护责任应从专门的维修人员扩展到所有员工，提升生产过程的可靠性、稳定性和效率。目标在于通过预防性维护、故障排除、持续改进和生产与维护的协同合作，最大程度地减少停机时间、降低成本，并提高产品质量和客户满意度。

3.2.3 信息化管理

企业信息化（图 3-10）是指企业以业务流程的优化和重构为基础，在一定的深度和广度上利用计算机技术、网络技术和数据库技术，控制和集成化管理企业生产经营活动中的各种信息，实现企业内外部信息的共享和有效利用，以提高企业的经济效益和市场竞争力，这将涉及对企业管理理念的创新、管理流程的优化、管理团队的重组和管理手段的创新。

图3-10　企业信息化网页示例

信息化的目的是把企业的设计、采购、生产、制造、财务、营销、经营、管理等各个环节集成起来，共享信息和资源，有效地支撑企业的决策系统，达到降低库存、提高生产效能和质量、快速应变的目的，增强企业的市场竞争力。企业信息化包含两个方面的内容：业务信息化和数据信息化，如图 3-11 所示。

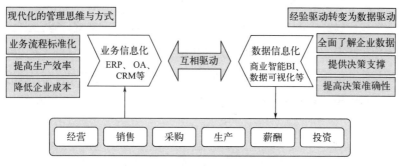

图3-11　企业信息化的两个方面

业务信息化就是通过信息化系统把企业的生产过程、事务处理、现金流动、客户交互等业务过程线上化。其基础是业务流程的标准化，把高效、优化的业务流程固化到信息系统中，保证业务执行的正确性。在业务执行过程中，相关信息的高度共享，可以降低沟通损耗，节省查询时间，减少差错，大幅提升作业效率，降低企业成本。体现企业管理思想的管理制度在实际执行中，往往由于执行者"灵活通融"造成管理制度的"名存实亡"，以信息化系统作为工具，使执行者必须按照标准执行，难以"灵活通融"，才能把管理思想体现在实际业务过程中。

数据信息化是指将信息系统中的各种数据条理化，通过多维分析、查询回溯、智能分析，为经营决策提供有力的数据支撑。以数据分析为切入点，通过数据发现问题、分析问题、解决问题，将经验驱动的决策方式改变为数据驱动。数据信息化的成果体现为公司的各种报表和报告,传统经营模式中,大部分经营数据来源于基层,因此需要各种各样的信息汇报,人工收集信息不但效率低,而且数据难以做到高度的完整和全面。信息系统自动统计各种数据,并按设定进行分析,分析结果直达企业管理层,能够保证信息的及时性、准确性、完整性和全面性。

业务信息化和数据信息化这两个方面是相互促进的,如图3-12所示。业务过程数据都存储在数据库中,可以方便地整合产品数据、销售数据、库存数据等。经过集中和融合,通过系统中预设的计算模型分析数据,并将数据可视化,即形成各种报表和报告供决策者参考。企业运营中存在的问题能够清晰显现,然后就可以进行针对性的解决,进而优化业务流程。

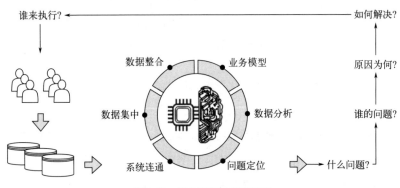

图3-12 信息化的企业工作流程

某著名服装品牌在信息化之前,若一款服装销售量差,解决的办法就是直接下架,更换其他款式。在信息化之后,对于销售量差的款式要进行细致分析:服装的试穿情况;服装销售情况;不同的地区销售量的差别等。若服装试穿频率高而销售量差,就说明服装款式优秀,但舒适性差;若服装在北方城市销售量较好,但南方销售量差,问题可能在于不同温度和湿度情况下,面料的舒适性不同,应该在不同的地区采用不同的面料。

企业信息化能够为管理人员的决策提供必要的信息,有利于生产要素的优化配置,使企业能适应瞬息万变的市场经济竞争环境,求得最大的经济效益。信息化系统的主要任务是固化业务流程和建立数据分析模型,而IT技术部门单纯的编程、实施工作难度与任务量并不是主要的,如图3-13所示,因此,业内常常把企业信息化称为"一把手工程",建设时要有一把手参与,运行时为一把手的决策服务。

图3-13 企业信息化工作量比重

3.3 智能工厂模型

智能工厂以形成高度自动化、自主化、满足个性化制造为目标,在信息物理系统、物联网、人工智能等先进技术的支持下,将整个制造系统有机结合,实现高度柔性、有序的生产。智能工厂能够自行监控和排除生产系统的故障,由少量的人工监控,通过工厂与控制台的数据交换、反馈、分析、处理,达到高效生产的目的。智能工厂的层次架构如图3-14所示[1]。

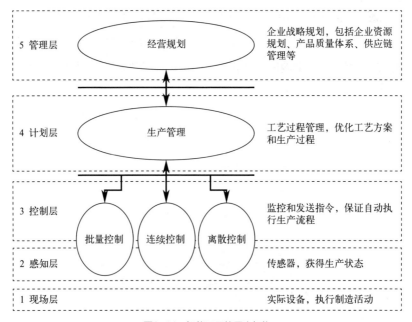

图3-14 智能工厂的层次架构

- 管理层：实现基于产品的、贯穿所有层级的垂直管控，为客户管理、企业资源计划、项目管理、科研管理等业务提供智能化服务平台，包括企业资源计划（ERP）、产品生命周期管理（SCM）、客户关系管理系统（CRM）等内容。
- 计划层：为生产、质量、设备、能源、安全等业务管理提供智能操作系统与平台，包括制造执行系统（MES）、能源管理系统（EMS）、安全评价系统（SES）、质量健康安全环境管理系统（QHSE）等内容，优化生产管控的业务流程，提升生产操作的业务协同水平。
- 控制层：对生产工艺的控制提供系统的解决方案，包括分布式控制系统（DCS）、数据监测控制与采集系统（SCADA）、控制回路比例积分微分（PID）性能评估等内容，实现生产工艺控制的高度自动化。

- 感知层：综合传感器技术、智能组网技术、无线通信技术、分布式信息处理技术等，通过各类传感器的协作实现实时监测、感知和采集各种设备状态信息和环境信息。
- 现场层：生产线能够实现快速换模，实现柔性自动化；能够支持多种相似产品的混线生产和装配，灵活调整工艺，适应小批量、多品种的生产模式；具有一定冗余，如果生产线上有设备出现故障，能够调整到其他设备生产。

在智能工厂中存在各种信息管理系统，它们的功能既有区别又有联系，还存在一些重叠的区域，图3-15概括了一些常见信息系统的覆盖范围（CAE为计算机辅助工程，CAPP为计算机辅助工艺规划，PDM为产品数据管理系统）。

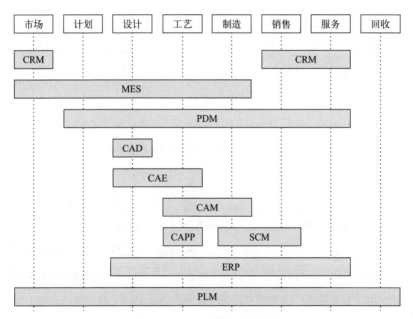

图3-15　常用信息系统的覆盖范围

3.3.1 管理层

智能制造背景下的企业管理层以信息化技术为基础,以全方位系统化的管理平台为手段实现企业所有资源信息的整合,并作为决策、计划、控制等行动的依据。这类管理平台以 ERP(企业资源计划)为代表,是整合企业管理理念、业务流程、基础数据、人力物力于一体的企业资源管理系统。ERP 既是一种管理工具,也代表一种先进的管理模式。其主要宗旨是对企业所拥有的人、财、物、客户、市场信息、时间、空间等综合资源进行综合平衡和优化管理,协调企业内外各管理部门,围绕市场开展业务活动。

如图 3-16,ERP 系统的功能模块包括采购管理、库存管理、生产计划、生产管理、销售管理、财务管理等。其中包括业务流,比如生产计划需要考虑库存,完成生产计划后,就要配置相关物料,物料缺乏时,就要进入采购流程,采购合同支付由财务部门完成。一个典型的信息流是成本核算,它需要综合采购、库存、生产、销售等各方面的数据,才能进行较为精确的核算,为企业决策提供必要的数据支持。

ERP 系统的功能根据企业的具体需求进行扩展,例如世界知名企业应用软件供应商 SAP 推出的 ERP 系统功能如图 3-17 所示。

3.3.2 计划层

管理层的主要目标是以"未来视角"制定策略,策略的实现需要"当前视角"下的战术方案,"方案层"的目标是适应企业生产部门状态的频繁变化,对整体生产过程进行实时把控和管理。因此,虽然在 ERP 系统中也存在生产管理模块,但智能工厂仍然需要构建以 MES(制造执行系统)为代表的"计划层",作为管理层与生产一线的桥梁。

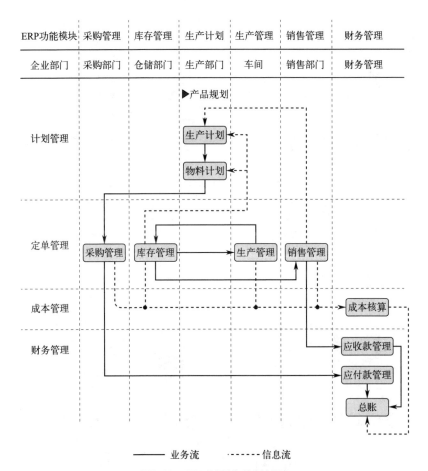

图3-16 ERP业务流与信息流示意

国际制造执行系统协会（Manufacturing Execution System Association，MESA）对MES的定义是：MES能通过信息的传递，对从订单下达开始到产品完成的整个产品生产过程进行优化管理，对工厂发生的实时事件及时做出反应和报告，并用当前准确的数据对生产进行相应的指导和处理。MES的特点主要体现为三个方面，如图3-18所示。

- 产品工程
- 企业产品组合与项目管理
- 产品生命周期管理
- 产品合规性

研发与工程设计

加强项目控制，提高产品开发能力，有效管理企业项目，简化产品生命周期管理。

- 生产工程
- 生产计划
- 制造工艺
- 质量管理
- 制造分析

制造

完善生产计划，支持复杂的装配流程，实现无缝的制造过程。

- 库存管理
- 交货与运输管理
- 订单承诺
- 物流物料标识
- 服务备件分配

供应链

提供更准确的订单承诺日期，整合运输管理流程，简化仓库管理。

- 运营采购
- 寻源与合同管理
- 发票管理
- 供应商管理与采购分析
- 集中采购

采购

简化运营采购流程，实现寻源与合同管理自动化，集中执行采购流程。

- 订单管理
- 合同管理
- 销售业绩统计
- 激励管理

销售

利用订单和合同管理功能，尽可能增加销售收入，为销售团队和销售经理提供支持。

- 主数据与协议管理
- 服务运营管理
- 服务备件管理
- 订阅订单管理
- 财务共享服务管理

服务

借助全面的分析和集成式服务管理，打造卓越、可靠的个性化服务。

- 会计和财务结算
- 财务操作
- 成本管理和获利能力分析
- 企业风险和合规性
- 金融资产和商品管理
- 不动产管理

财务

简化会计和财务结算流程，完善资金与财务风险管理。

- 维护管理
- 资产运营与维护

资产管理

利用集成式流程，计划、安排与执行资产维护活动，实现卓越运营。

图3-17 ERP的功能示例

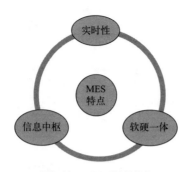

图3-18 MES系统的特点

上述三个特点的解释如下[2]：

- 实时性：MES实时收集生产过程中的数据和信息，并做出相应的分析处理和快速响应；
- 信息中枢：MES通过双向通信，提供横跨企业整个供应链的有关车间生产活动的信息；
- 软硬一体：MES（图3-19）是一个集成的计算机化的系统，包括硬件和软件，它是用来完成车间生产任务的各种方法和手段的集合。

制造执行系统（MES）可监控从原材料进厂到产品入库的全部生产过程，记录生产过程产品所使用的材料、设备，产品检验的数据和结果，以及产品在每个工序上生产的时间、人员等信息。这些信息的收集经过 MES 加以分析，就能通过系统报表实时呈现生产现场的生产进度、目标达成状况、产品品质状况，以及生产的人、机、料的利用状况，这样就让整个生产现场完全透明化。其基本功能包括六个方面，如图 3-20 所示。

随着技术的发展，根据企业的不同理解和需求，MES 的功能会有不同的扩展，因此，MES 的个性化差异明显。以 Chroma 的 MES 功能为例，该系统主要包含基本建模、产品设定、权限管控、生产过站管理追溯及报表呈现等，其部分功能模块如图 3-21 所示。

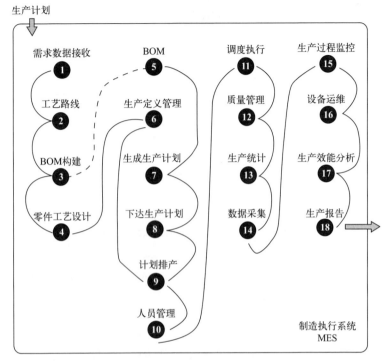

图3-19 MES的功能逻辑

3.3.3 控制层

控制层要实现两个基本的任务：数据采集和设备监控。该层负责处理和控制从现场设备收集到的数据，包括可编程逻辑控制器（PLC）和其他执行控制算法的控制系统，利用这些输入创建控制生产流程的输出。例如，为确保生产流程保持稳定的温度，控制层使用PID（比例积分派生）算法，该算法通常集成在可编程逻辑控制器中。PID算法接收现场传感器的输入，并利用这些信息监控设定点附近的热量。然后，该算法调整控制输出，以在整个生产过程中保持恒温。

第3章 智能工厂

MES基本功能：

- **过程管理**：监控生产过程，自动纠偏或为操作者提供决策支持，以纠正或改善生产活动。
- **物料管理**：管理原料、零件、工具等物品的存储与移动。
- **质量管理**：及时提供产品制造工序尺寸分析，辨别异常，提出矫正建议，以保证产品质量。
- **性能分析**：提供制造活动的实时报告，并与历史记录和预期结果进行对比，保证制造活动处于良好状态。
- **产品追踪**：实现产品从生产源头到流通环节的全程可追溯，既包括产品从原材料到最终产品的生产环节信息，也包括产品在供应链中的转移信息。
- **维护管理**：跟踪和指导设备和工具维护活动，落实周期性或预防性维护工作，保证设备和工具的可用性，记录异常事件及其处理方案，以支持故障诊断。

图3-20 MES的基本功能

序号	基本模块	统计
1	基本信息及权限管理模块（Data Center）	厂别、线别、制程、站点、测试项目、机台等基本信息建置
2	工单管理模块（W/O Manager）	工单信息建立、状态切换与指派生产流程
3	条码管理模块（Barcode Center）	工厂序号编码规则、自动展号与列印标签、标签编辑软件整合
4	作业站信息收集模块（TGS）	信息收集、设备控制、生产行为编辑与作业站状态监控
5	维修管理模块（Repair）	异常原因、责任记录、不良排行榜、料件更换明细
6	重工管理模块（Rework）	依生产条件定义重工途径、跳站控制、物料拆解与重包
7	品质管理模块（Quality Control）	定义批量、抽验项目、AQL等参数、输入序号条码进行计量值登录
8	包装管理模块（Packing）	设定包装规格、自动产生箱号、随线列印标签及称重机连接
9	电子流程卡管理模块（R/C Manager）	依工单展开批量管制流程卡号、流程卡版面设计与拆并批
10	标准查询与报表产生器（Report）	报表开发工具，可自行开发报表，提供行业标准和报表格式
11	老化测试管理系统（Aging test System）	可整合各式不同老化测试设备，可取得数据进行分析
12	批量管制在制品模块（WIP IN/OUT）	流程卡批量进出站信息收集，定义制程条件、制程参数与过站条件
13	工时管理系统（Work Hour System）	人工时生产力与效率计算、出勤工时、异常工时、实际生产工时等记录
14	统计制程管理系统（Real-time SPC）	整合MES各站测试结果转换成SPC管制图、具备实时SPC监控
15	出货管理模块（Shipping）	整合ERP出货单，通过无线设备记录出货明细
16	CNC编程管理系统（CNC）	整合多家数控设备，数控程序由MES自动派送，实时收集机台信息
……		

图3-21 Chroma的MES的功能示例

控制层应具有高度的灵活性，使操作员能够快速有效地调整流程。为了实现这个目标，当前主要的做法是采用 SCADA（supervisory control and data acquisition）系统。SCADA 系统是硬件与软件的集成，能够实现对工厂实施本地及远程监控。

SCADA 系统的主要组成部分如图 3-22 所示，包括：监控计算机、远程终端单元（RTU）、可编程逻辑控制器（PLC）、通信基础设施、人机界面（HMI）。

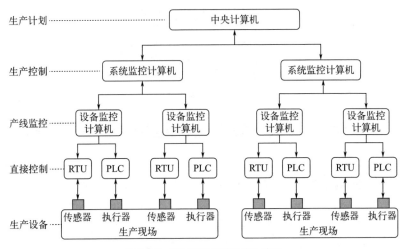

图3-22　SCADA系统的组织示意图

- 监控计算机：收集过程数据并向现场连接的设备发送控制命令，包括多个级别，例如，中央计算机负责整个SCADA系统的监控和管理；系统监控计算机可根据生产现场的实际情况调整生产设备或者生产流程；设备监控计算机可监控所属设备，将数据传送至上一级监控计算机。
- 可编程逻辑控制器（PLC）：是一种安装在生产现场的专用工业控制

计算机，可以将控制指令随时载入内存进行储存与执行，能够执行逻辑控制、时序控制、模拟控制、多机通信等各类功能。
- 远程终端单元（RTU）：是一种可对分布距离远、生产场所分散的生产系统进行数据采集与监控的设备。RTU一般与控制中心距离较远，因此需要具备较大的储存容量和优良的通信能力，提供专用的计算功能，且能够适应恶劣的温湿环境。
- 人机界面：可以显示虚拟状态的设备，虚拟设备与实际设备状态一致，操作员可以通过该设备观察及控制生产设备。
- 通信基础设施：是监控系统与远程终端或者PLC之间数据传输的通道。包括有线和无线通信网络，目前主要采用以太网通信协议，呈现IP化与无线化的趋势，工业网关已经成为SCADA系统通信模块的基础。

将新一代技术融入SCADA系统能够带来明显的优势，参考图3-23，这些优势主要包括：

① 显示所有运行站点（配备PLC或RTU）的地理位置图，显示正常和警报情况；

② 实时采集与分析过程数据，用于远程控制、优化、故障诊断和趋势分析；

③ 所有流程及其状态都可图形化显示，可随时了解生产情况；

④ 可采用人工智能对工厂数据进行分析，减轻人工劳动强度，提高生产效率；

⑤ 执行预测性维护，减少重大故障的发生；

⑥ 可通过将SCADA与资产管理软件同步，优化维护计划；

⑦ 可审计生产流程和设备运行的历史数据，并自动生成报告；

⑧ 可随时随地安全访问。

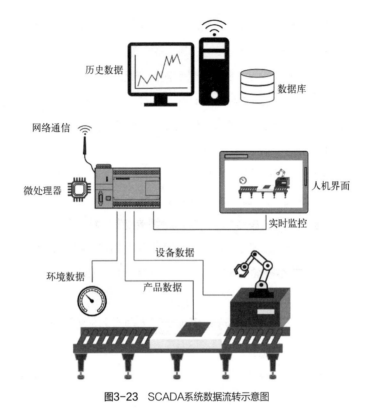

图3-23 SCADA系统数据流转示意图

3.3.4 现场层

智能工厂的现场层是生产制造的执行层,它展现出的明显景象就是复杂而忙碌的生产线。为了给生产流程创造更大的优化空间,企业不断投资研发各种新的技术方案。近年来,先进控制技术、云计算、新兴网络技术、嵌入式系统和无线传感网络等的快速发展,使从不同角度出发而提出的不同技术方案殊途同归,即对现有项目进行智能升级,使制造设备具备环境感知、数据分析、自主决策等新能力,可称之为"智能制造单元"。

第3章 智能工厂

在制造单元智能化的过程中,既要有明确的发展目标,也要注意现实因素,一个重要的实际情况是企业设备投资往往金额巨大,因此,在设备智能化的过程中,并不能简单地抛弃现有设备,对于大多数企业而言,应该在保持现有设备或者系统稳定运行的同时,不断更新设备性能与功能。在此背景下,智能制造单元应具备一些重要的属性和特征,如图3-24所示。

图3-24 智能制造单元的属性

(1)数字身份

智能制造单元必须有其数字描述和在数字世界中唯一标识,包括ID、网络接口地址及其特定应用的命名。智能制造单元的数字描述能够确定它在网络世界中的轮廓和定位,重要目的是明确智能制造单元的职责,这种描述或者划分会影响到ERP、MES和生产系统的组织结构。

智能制造单元应始终保持其原有的功能和外观,升级的过程是对其进行功能扩展，这就必须解耦增强功能与原始功能，即使增强的网络部分失灵，设备仍然能够正常运行。数字模型要具备较高的仿真度，在操作数字模型时虽然看不到物理实体，但是操作者的体验应该是在操作物理实体。

（2）模块化

与单体系统不同，模块化单元是松散耦合的。模块化意味着流程、信息系统和产品能够打包为可重复使用的模块，并可与其他模块（重新）组合、共同组成新的增值组合体。如果单元可以分解成子单元，并可以在不同的配置中相互交换和匹配，则被视为模块化单元。这些子单元可以在各种配置中互换和匹配。各组件可以使用标准化接口进行交互、连接和资源交换。

模块化的程度与模块元素之间的依赖程度有关，应实现模块之间的松散耦合，这意味着模块之间应尽可能减少相互依赖。模块化的对象应该像网络系统中的独立组件，可以通过相对简单的方式联网，其关键点在于各单元模块或活动以何种方式相互连接。模块化还意味着能够提供优先分配任务的能力和执行部分工作流的能力。作为单元之间的协调机制，标准化应得到优先考虑，良好的标准化能够使网络中的模块并行工作，并降低对互操作性的要求。良好的模块化设计是为了更好地系统组合，上层系统的性能可以从模块化组件的性能中衍生出来，这里必须强调，软件和系统在设计时必须充分考虑嵌入后的高层属性，因为软件和系统之间的相互依赖性会影响单元模块的组合性。

在制造业中，模块化的成功运用主要涉及不同部门流程的统一，从而通过异构数据的无缝传输和交换，形成可行而高效的价值链。异构数据的交换能力是保证模块化设备高效组合的基础，只有在实现高效组合的基础上才能实现各种任务的自动执行。

(3)异构性

制造过程使用到的设备多种多样,这些设备除了结构和功能上的不同之外,数据结构也是不同的,即使相同功能的设备,比如加工中心,不同品牌和厂商的产品也是异构的,因此,异构性可以说无处不在。这里强调异构,目的仍然在于更好地协作,制造系统的各组成部分需要连接和配置;各自的网络由不同类型的计算单元组成,其内存大小、处理能力或基本软件架构可能大相径庭。在信息方面,异构可能还伴随着不同的硬件平台、操作系统或编程语言;在概念层面,异构源于对同一现实问题的不同理解和建模原则。不同组件固有的异构性和集成问题是对智能工厂的重大挑战,建立统一网络和控制理论框架有助于该问题的解决。

(4)可扩展性

在不对结构或技术应用做出重大改变的情况下,增加或减少资源的能力通常被称为可扩展性。在全球化制造和云制造的背景下,为了有效适应频繁变化的生产负载,企业必须及时调整生产设施,工厂的现场层必须具备强大的可扩展性。云制造为云客户提供了新的选择,可利用相关的平台快速搜索、申请和利用闲置或冗余的设备和工具,当然也包括外部的机器设备,通过这种方式,企业可实现在更短的时间内完成大量订单,生产任务结束之后也能够迅速释放生产能力,做到成本最低、效率最高。在这样频繁调整的生产线中,保证数据的统一和通信的流畅并非易事,因为可扩展性也包括控制、软件和计算能力的可扩展性。

(5)情境感知

情境感知是指主体能够充分描述当前运行环境的特征。一方面,智能单元能够了解自身的运行状态,并对自身进行描述;另一方面,任何可用于详细说明实体(人、物体或者空间)情况的信息都可认为与交互相关。因此,关于感知,既包括主体自身,也包括主体之间的互动。为了区分智

能设备的行动和决策机制,可引入情境维度:

① 外部(物理):是指通过设备互动捕捉到的环境信息,或可通过硬件传感器测量到的环境信息,即位置、移动、序列参数等。

② 内部(逻辑):是指制造单元本身的参数,即目标、任务、目标完成情况、关键绩效指标、改进效果、运营或流程。

智能设备的感知单元持续收集环境数据以便及时调整动作。充分利用制造信息,如图纸、工作表或计划信息,可及时、精确地识别和定位实体,正确做出处理决策,以保证实际状态与计划状态的一致性。利用传感器和执行器来确定当前状态,一旦发现差距和偏差,就可以进行改进和调整。

(6)自主性

如果制造单元能够在不受其他实体干预的情况下执行自己的行动和追求自己的目标,那么它们就表现出了自主性,可以称为自主性单元。自主性包括针对外部刺激进行互动或自我组织的能力,可以与环境建立积极的自我反馈循环。信息和通信技术迅速提升了许多制造单元的智能化水平,让它们实现自我控制、自我组织,并最终实现工厂对象的完全自主[3]。

自主制造单元可以进行简单的调整,比如从一个状态切换到另一个状态,也可以进行复杂的行动,比如通过情景感知,发现问题并主动决策,以实现自我修复、自我组织和自我维持。赋予制造单元自主权的基础是其独立确定或协商自身目标的能力,以及为实现或至少接近目标而采取策略的能力。

制造单元要使自己的目标与系统中其他单元的目标保持一致,如果出现目标错位,则会导致所实施的行动与所确定的目标之间发生冲突,生产进程会遇到障碍,甚至遭到破坏。此时,应通过调整目标、检查修改协作方式和重组解决方案来消除错位。

(7)可联网性

网络技术将智能工厂的外部和内部资源整合在一起,形成一个覆盖面广、综合性强的统一制造资源，因此，实现自适应传输和网络可扩展性至关重要。在智能工厂中，带宽有限与工业网络智能设备快速增长之间的矛盾日益突出。可联网性是指"通信控制的设备与其'邻居'直接交换信息"。目前标准蜂窝网络中的智能设备直接使用"设备到设备"通信技术，通过每个基站的各向同性天线实现直接连接，这一做法为移动终端的大数据传输、低延迟数据交换和海量访问提供了新的途径，同时，5G 通信技术为全自动无线通信技术带来了新的机遇。

3.4 系统集成

数字化、网络化是智能制造系统的重要技术基础，全业务链的纵向集成、全价值链的端到端集成、价值链延伸的横向集成，是实现智能工厂、智能生产、智能物流和智能服务等主题的重要环节，如图 3-25 所示。

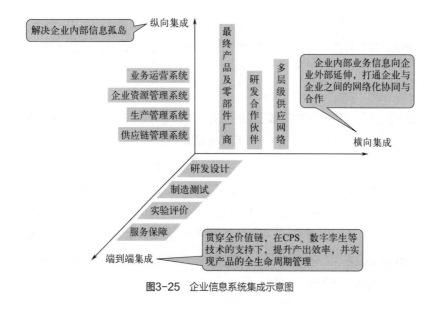

图3-25 企业信息系统集成示意图

全业务链的纵向集成主要目标是解决企业内部各种业务系统存在的信息孤岛问题,即相同对象在不同系统中状态不一致,无法互通互联。目前企业存在五种典型的信息系统:产品生命周期管理系统(PLM);企业资源计划(ERP);制造执行系统(MES);自动化制造产线;仓储物流管理系统(WMS)。各种系统管理的都是企业运行中涉及的对象,但都有各自不同的任务,各种系统的开发时间、开发人员、协议规范可能都不相同,这时就会出现信息孤岛问题。例如,客户对产品参数的临时修改,首先会反映到 ERP 系统的订单管理中,能否及时传递到 PLM、MES 和自动化制造产线中呢?如果做不到,那么肯定会出现问题。在当今竞争激烈的环境中,不能及时响应客户要求,会对企业的竞争力产生巨大的影响。

全价值链的端到端集成是以 CPS(信息物理系统)和 DT(digital twin,数字孪生)等技术为基础,把与产品相关的各个端点集成互联起来,通过价值链上不同端口的整合,实现从产品设计、生产制造、物流配送到使用维护的产品全生命周期管理和服务。

例如,蔚来汽车建成了从研发设计、零部件供应、制造、营销、服务、充电、维修等各个端点之间的完整集成体系[3]。在研发设计方面,用户的需求能够反馈到研发体系,研发设计人员能够针对用户使用场景和痛点开发个性化产品;在生产制造方面,把整个制造过程向客户展现,从下单、进厂、下线、运输,客户都可以在蔚来 APP 上全程跟踪订单进度;在销售服务方面,采取一对一个性化服务,确保用户有产品全生命周期的最佳体验,将所有服务都基于互联网,并使服务全过程透明化。

价值链延伸的横向集成旨在打通企业与企业之间的网络化协作,主要通过数字化营销渠道、客户关系管理系统(CRM)、供应链管理系统(SCM)、供应商管理系统(SRM)等系统之间的集成来实现。企业与上下游供应和需求信息的双向互通,将引发商业模式、业务流程的改变,使分工更加细化,产生新兴服务业。

小结

推动智能工厂建设要立足于企业现状或者技术现状，分析企业的瓶颈，做出针对性决策。只有在达到较高的技术水平、做到先进管理和充分信息化的基础上，深入理解智能工厂架构，企业负责人充分介入，全面规划，实事求是，才能真正实现智能工厂的目标。

参考文献

[1] Kuhnle H, Bitsch G. Foundations and principles of distributed manufacturing[M]. Springer, 2015.
[2] 陈明, 梁乃明. 智能制造之路: 数字化工厂[M]. 北京: 机械工业出版社, 2022.
[3] Brusaferri A, Ballarino A, Cavadini F A, et al. CPS-based hierarchical and self-similar automation architecture for control and verification of reconfigurable manufacturing systems[G]. Proceedings of 2014 IEEE emerging technology and factory automation, 2014.

第 4 章　智能制造的技术核心

- 4.1　CPS发展简史
- 4.2　CPS的技术构想
- 4.3　信息物理生产系统（CPPS）
- 4.4　CPPS的应用案例

第4章 智能制造的技术核心

智能制造是制造业发展的方向和目标，各国根据不同的国情，所提出的实施方案并不相同，比如德国的"工业4.0"、美国的"工业互联网"和中国的"智能制造"，但是，把"信息物理系统"作为智能制造的核心技术却是业内公认的。信息物理系统（CPS，图4-1）把物理世界和信息世界紧密结合起来，目标是构建一套在物理空间和信息空间之间、基于数据自动流动的状态感知、实时分析、智能决策、精准执行的闭环赋能体系，用以解决生产制造、应用服务过程中的复杂性和不确定性问题，提高资源配置效率[1]。

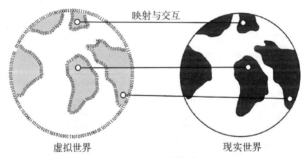

图4-1 CPS的概念

《信息物理系统白皮书》给出的CPS的定义为：CPS通过集成先进的感知、计算、通信、控制等信息技术和自动控制技术，构建了物理空间与信息空间中人、机、物、环境、信息等要素相互映射、适时交互、高效协同的复杂系统，实现系统内资源配置和运行的按需响应、快速迭代、动态优化。

4.1 CPS发展简史

康拉德·祖斯于1941年发明了第一台全功能程序控制计算器Z3后不久，又开发了一种用于测量飞机机翼的特殊装置，被他称为第一台实时计算机。这台实时计算机从约40个传感器读取数值，并将这些数值作为程序中的变量进行处理,具备实时能力、反应能力,或许这可以作为 CPS 的萌芽。随后,控制论不断发展,到现在 CPS 成为控制论的发展目标,其重要节点如图 4-2 所示。

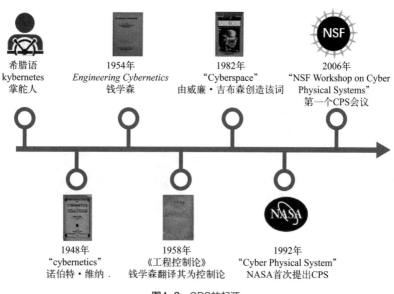

图4-2　CPS的起源

4.1.1　控制论

自从 1948 年诺伯特·维纳发表了著名的《控制论——关于在动物和机器中控制和通信的科学》一书以来,控制论的思想和方法已经渗透到了几乎所有的自然科学和社会科学领域。维纳把控制论看作是一门研究机器、生命以及社会中控制和通信的一般规律的科学,或者说,是研究动态系统在变化的环境条件下如何保持平衡状态或稳定状态的科学。他专门创造了英文单词"cybernetics"来命名这门科学,灵感来源于希腊文"kybernetes",

意为"舵手或掌舵人",指的是动物和机械中的通信与控制理论,翻译为"控制论"其实很难充分反映其广泛的含义。

无论是自动机器还是神经系统、生命系统,甚至经济系统、社会系统,都可以看作一个自动控制系统。在这类系统中有专门的调节装置来控制系统的运转,维持自身的稳定,实现系统功能。控制机构发出指令,作为控制信息传递到系统的各个部分中去,由它们按指令执行之后再把执行的情况作为反馈信息输送回来,并作为决定下一步调整控制的依据[2]。

如图 4-3 所示,为了使高射炮能够准确地击落敌机,首先要由射击指挥仪获取敌机的方位、速度和方向,然后计算其短时间内的运动轨迹,考虑炮弹的飞行时间,预测拦截点,然后向高射炮发送方位角以及射击时间,高射炮执行射击任务,如果射击失败则应优化预测拦截点的计算过程。这跟人类运动员进行飞碟射击的过程是一样的。

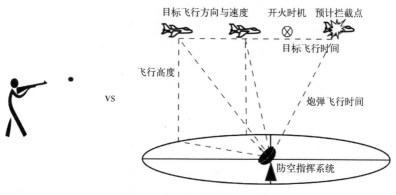

图4-3　机器与人的射击过程对比

4.1.2　嵌入式系统

在实现自动控制的过程中,信息处理是关键,快速准确地获得决策结果是保证成功完成任务的关键。"嵌入式系统"把微型计算机系统嵌入产品中,实现产品的自动化,比如日常使用的洗衣机、空调、汽车等。

图 4-4 所示的自动驾驶系统,通过速度传感器、测距仪、摄像头、车载雷达等感知元件获取车辆周边的交通状况,根据预设的计算方法,自行调整车辆的运行状态,比如是否需要刹车、是否需要转向、是否需要加速等。因此,嵌入式系统是功能完备、几乎不依赖其他外部装置可独立运行的软硬件集成系统。

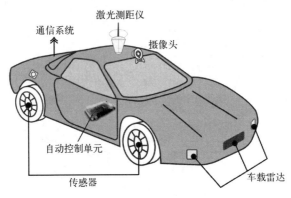

图4-4 汽车传感控制系统示意图

1980 年以来,随着电子工业和计算机技术的不断提升,集成电路制造商开始把计算机系统所需要的全部模块集成到一块板子上,所以被称为"单片机",如图 4-5。单片机的出现为自动化开启了一扇新的大门,为嵌入式系统的发展奠定了坚实的基础。工程师设计特定功能的程序刻录到单片机中,用户只需打开电源就可以直接使用这个嵌入式系统的功能,几乎不需要其他开发或配置工作。而且,嵌入式系统的软硬件设计完全以应用为中心,能够根据需求调整软硬件设置,比如体积、功耗、成本、可靠性等,能够满足个性化需求。

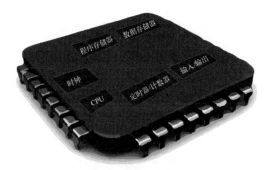

图4-5 单片机示意图

在嵌入式技术发展的初期,最主要的问题是"资源受限"。如图4-6所示,这种专用计算机系统的存储空间、信息处理能力是系统设计者关注的核心问题,系统设计要不断优化以充分发挥计算资源的效率,以完成预设任务。21世纪是一个网络盛行的时代,将嵌入式系统应用到各类网络中是其发展的重要方向。

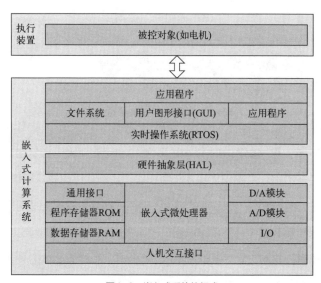

图4-6 嵌入式系统的组成

4.1.3 CPS的提出

1992年,美国航空航天局(NASA)提出了信息物理系统的概念,主要目标是实现远程操作武器装备或太空探索飞行器。嵌入式系统无疑会在这样的系统中起到重要作用,实践发现,嵌入式系统面临的主要问题是它与物理系统的交互。如图4-7所示,当遥控旋翼飞行器进行自主着陆时,飞行器要持续跟踪自己的位置,还要知道地面的位置,并且要知道风力的大小,总之,飞行器需要在环境交互的场景中运行[3]。

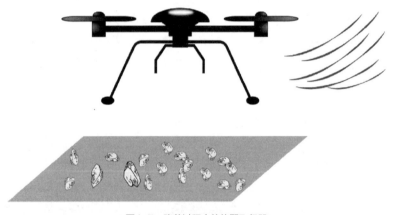

图4-7 降落过程中的旋翼飞行器

2006年,美国国家自然科学基金会(NSF)的海伦·吉尔在讨论CPS时提出:在物理、生物和工程系统中,操作是相互协调的、互相监控的,由计算核心控制着每一个联网的组件,计算被嵌入所有的物理组织,甚至可能进入材料,这个计算的核心是一个嵌入式系统,通常需要实时响应,并且一般是分布的。随后,CPS得到了不同国家和科研团体的关注,定义了不同的CPS概念,如表4-1所示。

表 4-1 CPS 概念列举

组织	概念
中国科学院	CPS 是在环境感知的基础上,深度融合计算、通信和控制能力的可控可信可扩展的网络化物理系统。通过计算进程和物理进程相互影响的反馈循环实现深度融合和实时交互来增加或扩展新的功能,以完全、可靠、高效和实时的方式检测或控制物理实体
美国国家科学基金会	CPS 是基于嵌入式的计算核心实现感知、控制、集成的工程系统,信息被"深度嵌入"每一个互联物理组件(甚至材料)中,其功能由信息和物理空间交互实现
欧盟第七框架计划	CPS 主要具有计算、通信和控制功能,并将这些功能与不同物理过程(如机械、电子和化学)深度融合
德国国家科学与工程院	CPS 是指使用传感器直接获取物理数据,并使用执行器作用于物理系统的嵌入式系统,使用来自各地的数据和服务,通过数字网络将物流、在线服务、协调与管理过程连接,其开放的技术系统使整个系统的功能、服务远超当前的嵌入式系统

4.2 CPS 的技术构想

CPS 概念从问世开始便引起了国内外众多研究者的广泛关注。国内外学者在不同层面和领域对 CPS 概念进行了深入的探讨研究。互联网技术、通信技术、传感器技术、云计算和大数据等技术的融合发展,使得制造业和互联网的联系更加紧密。信息物理系统是集成泛在感知、可靠通信、嵌入式计算和智能化控制于一体的新一代智能系统,是物理实体与信息空间的融合统一体。

CPS 注重信息资源与物理资源的紧密结合与深度协作,实现对物理系统的智能化提升,使其具有状态感知、实时分析、科学决策、精准执行的功能,如图 4-8 所示。

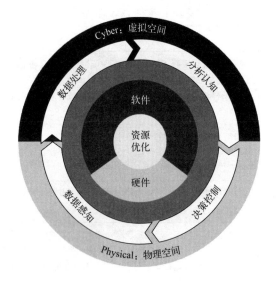

图4-8 CPS的功能

4.2.1 数据感知

数据感知是从物理世界迈入数字世界的基础,主要对物理层中现场设备数据进行实时、准确的获取,并对有用信息加以提取,如物理实体的尺寸、外部环境的温度、液体流速、压强等数据。在智能制造的发展过程中,各类生产设备越来越复杂精密,从生产流水线到复杂机器设备,都将安装相应的传感器,以便时刻掌握设备的工作健康状况,及早发现问题及时处理,从而有效地减少损失,降低事故发生率。由于无线传感器网络(wireless sensor networks)技术与 CPS 对于数据获取的要求高度契合,该技术已经得到业界关注。

无线传感器网络的三个要素是观察者、感知对象和传感器。如图 4-9 所示,用户就是观察者,观察者把关注信息,如温度、湿度、速度、电压、电流等，发送至传感器节点，传感器节点协作探测、采集目标数据并进行处理，经由汇聚节点（也可称为路由节点）和互联网，将信息发送给用户，即观察者。各传感器节点之间、传感器节点与路由节点之间，均采用无线通信。

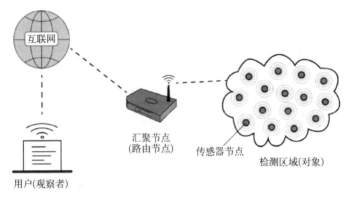

图4-9　无线路由传感网络结构

传感器节点形成多条自组织网络，使传感器既具备数据感知功能，也具备信息传递功能。虽然无线传感器网络的基站对传感器节点集中控制，但是各个传感器节点之间仍是分散式的，路由和主机的功能由网络的终端实现，各个主机独立运行，互不干涉，因此无线传感器网络的强度很高，很难被破坏。无线传感网络的主要性能评价指标如图4-10所示。

4.2.2　数据处理

初步采集的数据往往存在重复、错误等问题，需要对这些原始数据进行处理，避免因为重复、错误的数据而造成的分析错误，因此，数据处理的目标是生成能够被高效查询、使用的高质量数据。

时间延迟

延迟是指发送端成功发送一个数据包至接收端所需要的时间间隔。在工业应用中,用于实时控制的应用对时间延迟有非常高的要求。

感知精度

感知精度是指用户接收到的物理信息的精度。传感器精度、信息处理方法、通信协议对感知精度有较大的影响。感知精度高说明感知系统性能强,但是,感知精度应与需求相匹配,并不是越高越好。

可扩展性

可扩展性主要表现在传感器数量的扩展能力方面。当需求变化时,传感器节点能够增加或者减少,而不需要大幅修改系统。另外,可扩展性也包括网络覆盖范围、时间延迟、感知精度方面的可调整性。

容错性

容错性是指系统在部分组件(一个或多个)发生故障时仍能正常运作的能力。在无线传感网络中,由于数量众多,传感器发生故障的现象是很常见的,要求个别传感器出故障时,其他传感器能够及时补位。

信道利用率

信道利用率是指信道的繁忙程度,对某一信道来说,就是有数据通过的时间占其总工作时间的比例。在保证通信稳定性的条件下,应尽可能提高信道利用率。

图4-10 无线传感网络的主要性能指标

- 高效查询:数据经过有效组织,就像仓库一样,把货物整理、归类以便被快速找到;

- 高质量:是指数据经过清洗、分类,将异常数据做好标记和隔离,避免在有问题的数据上得出错误的分析结果。

具体的数据处理包括多种方法或者方式,如下所述。

① 数据清洗:是指从记录集中检测和纠正(或删除)损坏或不准确

记录的过程，识别数据中不完整、不正确、不准确或不相关的部分，然后替换、修改或删除粗糙的数据，以确保数据的准确性、完整性和一致性（图4-11）。

② 数据转换：数据转换是指对数据进行格式化、重构或转换，使其适合特定的分析需求或数据模型，如图4-12。例如，对于"2024年2月24日"是一种字符型的描述，在计算机系统中可能会被统一为"2024/02/24"。

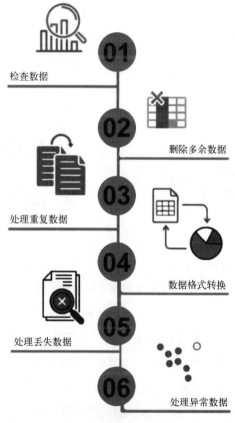

图4-11 数据清洗的步骤

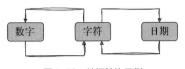

图4-12 数据转换示例

③ 特征提取和选择：将原始特征转换为一组具有明显物理意义、统计意义或核的特征，如图4-13。目的是简化模型和降低计算复杂度，可以使用特征提取和选择方法来选择最相关或最具代表性的特征，这样能发现更有意义的潜在变量，也能更加深入地理解数据的意义。特征提取涉及创建新的特征，这些特征仍能捕捉到原始数据中的重要信息，而且能够使处理更加高效。

图4-13 特征提取示例

④ 数据聚合：当原始数据较为庞大或细粒度时，可以进行数据聚合和汇总，目的是通过统计和分析，从原始数据集中提取出有关数据集整体特征的信息，以减少数据量并提供更高层次的概览。常见的聚合操作包括求和、平均、计数、最大值和最小值等。数据聚合的过程包括对数据进行分组、筛选、汇总和计算等操作，它可以帮助我们更好地理解数据的整体趋势和特点，为进一步的分析提供基础。数据聚合在问题分析中的位置如图4-14所示。

图4-14 数据聚合在问题分析中的位置

⑤ 异常数据处理：在数据中寻找不合理的点，并对其进行处理。异常数据就是那些明显"不合群"的数据，如图 4-15 所示。发现异常数据的方法有 3 倍方差法（3σ），但是这种方法要在数据符合正态分布的条件下采用。其他方法包括聚类分析、离群因子（LOF）等，这些方法的分析过程较为复杂。发现异常数据后的处理方法包括：

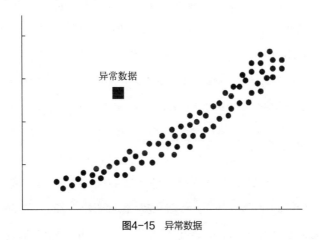

图4-15 异常数据

- 删除　　这是最简单的方法，适用于样本量充足的情况；
- 修正　　利用折中"值"去进行替换，用两个观测值的平均数来进行修正；
- 分箱法　通过考察"邻居"（周围的值）来平滑存储数据的值；
- 不处理　当前暂不处理，留到后续环节再处理。

4.2.3 分析认知

将经过处理的数据进行科学分析，形成对观测对象的规律认知是提高生产效率、降低生产成本的关键环节。通过将当前状态与认知规律进行对比，即可判断当前状态是否良好，或者是否可以改进。这种对比有两个方面，即纵向对比和横向对比，以设备为例，纵向对比是将设备的当前状态与其历史状态相比，判断其是否工作正常；横向对比是指与同类设备进行对比，检查设备的异常行为。对于新加入的设备，由于缺乏历史数据，即可通过横向对比来判断设备的状态。

通过建立推理模型，可以对设备和生产状态进行预测，从而提前采取措施避免危险状况的发生。推理模型有三种类型：演绎推理、归纳推理和外展推理，如图4-16。知识模型就是以推理模型和约束规则为基础的双端系统，一端是通过采集系统获得的数据，另一端是推理获得的知识。目前，推理模型已经大量采用机器学习的方法。

4.2.4 决策控制

决策是基于数据分析发现的问题进行判断并形成解决策略。这些问题可能是曾经遇到过的、已知的问题，或者是未曾遇到过的、未知的问题。对于已知问题，可以从知识库中进行查找、比对，确定相应的解决策略。

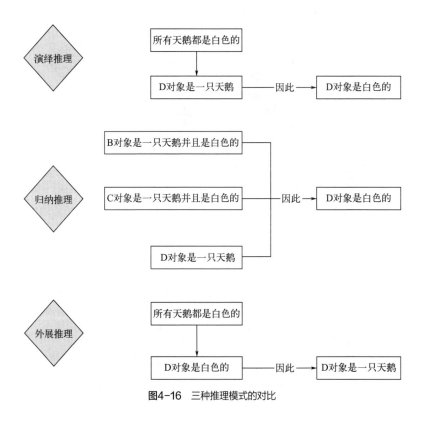

图4-16 三种推理模式的对比

对于未知问题,往往需要人的参与进行综合判断,解决策略如果经验证是正确的,就可以添加到知识库中,作为未来采取策略的依据。策略形成的步骤如图4-17所示。

控制的目标是形成正确的动作序列以执行问题解决策略,实现生产过程的调节。这一步是整个系统真正产生价值的地方,任何没有执行动作的决策都不会产生实际价值,如图4-18。

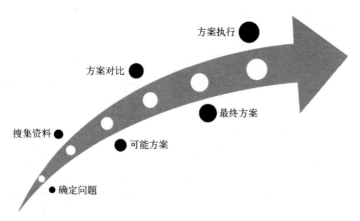

图4-17 决策的步骤

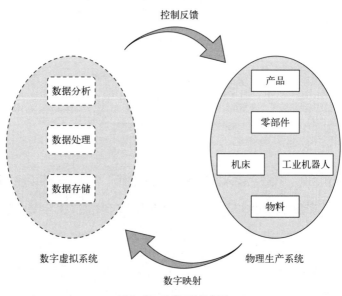

图4-18 信息系统的作用

随着生产制造的定制化与个性化产业模式的形成，生产调度面临的多样化和不确定性增加，要实现按需生产，企业必须有快速、灵活的生产调度，以满足客户及时变化的需求[4]。在这样的复杂生产线中，当个别设备出现问题，快速调整、协调资源是非常复杂的。利用多智能体系统的分布式求解能力，将复杂的生产调度任务划分为具有特定功能的智能体，并通过协商机制共同完成任务，可以降低设计单一调度系统的复杂性。当调度系统内设定为智能体的资源、产品、物料等产生冲突时，可以利用多智能体技术的冲突消解进行调整。图4-19中，用户通过汇聚中心向多智能体系统提出加工需求，多智能体系统就会协调加工资源完成加工任务，在协调过程中，智能设备与多智能体系统沟通，以便确认可用性和可用代价。

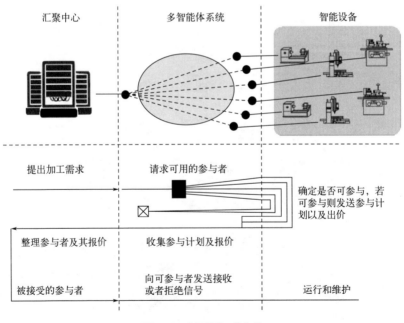

图4-19 多智能体工作构想

4.3 信息物理生产系统（CPPS）

信息物理生产系统（cyber physical production system，CPPS）是信息物理系统（CPS）在生产领域中的一个应用，它是一个多维智能制造技术体系。CPPS能够将感知、计算、通信、控制等信息技术与设计、工艺、生产、装备等工业技术融合，将物理实体、生产环境和制造过程精准映射到虚拟空间并进行实时反馈，作用于生产制造全过程、全产业链、产品全生命周期，从而实现制造业生产范式的重构。

CPPS以大数据、网络和云计算为基础，采用智能感知、分析预测、优化协同等技术手段，将计算、通信、控制三者有机地结合起来（图4-20），结合获得的各种信息和对象的物理性能特征，形成虚拟空间与物理空间的融合，具有实时交互、相互耦合、及时更新等特性，可以在网络空间构建实体生产系统的虚拟镜像，实现生产系统的智能化和网络化，包括自感知、自记忆、自认知、自决策、自重构运算与分析。

图4-20 CPPS的构想

CPPS 在实际应用中主要参考"5C 体系结构"[5],该结构主要分为五个层次:(智能)感知层、数据信息转换层、虚拟层、认知层、构建层。5C 体系结构的含义如图 4-21 所示。

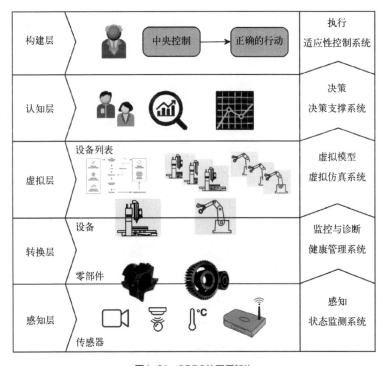

图4-21 CPPS的五层架构

第一层:感知层(smart connection level)

构建信息物理生产系统的第一步是从设备或者元器件获得数据,这些数据应具有较高的精确性和可靠性。有多重数据来源,包括传感器或者控制器,也包括企业信息系统,比如 ERP、MES、SCM 等。在感知层,有两个重要问题需要考虑:①由于数据的多样性,要流畅地获取数据并把数顺利地传送至中央服务器，就必须有专用的数据传输协议；②为了保证数据的精确性和可靠性，需要选择适当的传感器。

第二层：转换层（data-to-information conversion level）

获得大量数据的目的是从数据中提取有用的信息。目前，已经有多种工具和方法适用于本层。近年来，大量的研究和开发工作聚焦于故障诊断和健康管理，这些研究成果大幅提高了设备的智能化水平。

第三层：虚拟层（cyber level）

虚拟层相当于一个信息中枢，所有联网设备都将信息汇集于虚拟层。在全面获得信息的基础上，可以采用一定的整合方法以获得更加深入和隐蔽的信息，从而洞察制造系统中的每一台设备的状态。此类状态信息不断地积累，因此可以设定一定的周期，对比设备的历史状态和同类设备的工作状态。

第四层：认知层（cognition level）

在本层，通过数据分析，对整个系统产生全面的认知。通过恰当的表达方式展示认知结果，一般通过图表等直观方式，为专业人员提供决策依据。例如，可通过设备状态数据的对比结果预测设备健康情况，专业人员可以根据紧急程度确定设备的维护次序，能够及时对设备进行保养和维护，避免由于设备意外停机造成的生产中断。

第五层：构建层（configuration level）

这一层把决策结果构建为控制信号或者调整指令反馈到生产系统，并作为监督者保证设备实现自我调整。也可把这一层视为一个弹性控制系统，有足够的灵活性保持对生产系统运行过程的管理控制，能够应对突发变化。

4.4 CPPS的应用案例

无论是CPS还是CPPS都是远大的技术构想，包含单元级、系统级和系统之系统级,单元级仅针对单个加工单元建立分析系统,系统级则是针对车间或者工厂建立系统,而系统之系统级则是涵盖多个企业,甚至包含整个供应链的系统。目前 CPS 和 CPPS 仍然处于技术尝试阶段,系统级的 CPPS 尚未成熟,本节通过对搅拌摩擦焊加工的质量控制过程,说明 CPPS 在工业中的应用,只包含一台加工设备,属于单元级的 CPS 系统。

4.4.1 搅拌摩擦焊简介

搅拌摩擦焊(FSW)是英国焊接研究所(TWI)研究发明的一种高效固相焊接的金属焊接技术,广泛应用于轻质金属焊接,例如铝合金。因其在制造成本和连接质量等方面的优势在航天航空方面广泛应用。

搅拌摩擦焊的工作方式如图 4-22 所示。搅拌头进入加工材料后,沿焊缝方向运动,高速地旋转使搅拌头与工件材料发生剧烈摩擦,从而产生大量摩擦热,搅拌头周围的工件材料形成一层塑性软化层,搅拌头经过后所形成的空腔会被软化层填充,工件材料便被焊接在一起。

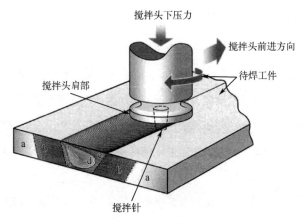

图4-22 搅拌摩擦焊的加工形式

这种焊接方式无须其他填料，加工成本低廉，不会产生有害气体，最重要的是特别适合轻质金属焊接，而传统焊接方法难以处理轻质金属。但是，这种焊接过程要求稳定的产热和材料的塑性流动，容易产生各种缺陷，例如焊缝内部易产生孔洞，外部易产生飞边，从而降低焊接质量。焊接工序往往处于产品加工流程的末尾阶段，虽然搅拌摩擦焊加工本身成本不高，但若发生加工缺陷，导致零部件报废，则成本很高。

搅拌摩擦焊加工主要依靠摩擦热和材料的塑性流动，因此，其关键加工参数包括：搅拌头的下压量、旋转速度、前进速度和前倾角。目前，这些参数一旦设定，在加工过程中就保持不变，当加工条件发生改变时，会使摩擦热和材料塑性流动状态发生改变，就不能保持稳定的加工质量。比如，待焊工件的厚度若发生改变，或者发生轻微的翘曲变形，搅拌头下压量就会发生改变，那么摩擦力将随之改变，从而影响摩擦热。

通过建立搅拌摩擦焊的 CPPS 系统，实时检测关键参数的变化，实现加工参数的动态调整将有助于保证加工质量的稳定性，降低报废率。

4.4.2　搅拌摩擦焊CPPS的搭建

根据 CPPS 的结构，搅拌摩擦焊 CPPS 的结构如图 4-23 所示。系统由搅拌摩擦焊机、传感器、数据采集卡、监控计算机、计算中心组成。

搅拌摩擦焊加工的参数，如下压量、转速、前进速度等可通过监控计算机进行设置。传感器采集焊接过程中搅拌头的下压力、扭矩以及焊机的电流，用于监控焊接状态的稳定性。传感器的信号由数据采集卡获得，并传送至监控计算机，由监控计算机进行数据处理后发送至计算中心，计算中心包含两个智能模块，机器学习模型 1 接收当前的加工状态数据并结合加工参数对当前的加工状态进行分析，并预测焊接质量，若加工质量预测结果为合格,则保持当前加工;若加工质量预测值低于预设值,比如焊件的抗拉强度低于预设的抗拉强度,则将相关参数发送至机器学习模型2,模型2将优化加工参数,并将结果反馈至监控计算机,监控计算机实时调整搅拌摩擦焊加工参数。

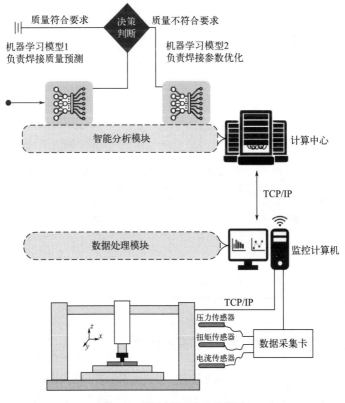

图4-23 搅拌摩擦焊CPPS的搭建

机器学习模型的训练需要大量带标签的数据,这些数据是提前收集的,如表4-2所示。

表4-2 搅拌摩擦焊的部分标签数据

组号	焊接速度/(mm/min)	主轴转速/(r/min)	倾角/(°)	下压量/mm	焊缝强度/MPa
1	40	400	1.0	0.05	161.3
2	40	600	1.5	0.10	160.2
3	40	800	2.0	0.15	162.5
4	40	1000	2.5	0.20	159.4
5	60	400	1.5	0.15	168.6
6	60	600	1.0	0.20	158.9
7	60	800	2.5	0.05	162.9
8	60	1000	2.0	0.10	171.3
9	80	400	2.0	0.20	167.8
10	80	600	2.5	0.15	170.5
11	80	800	1.0	0.10	167.9
12	80	1000	1.5	0.05	167.5
13	100	400	2.5	0.10	165.4
14	100	600	2.0	0.05	164.3
15	100	800	1.5	0.20	168.5
16	100	1000	1.0	0.15	166.2

4.4.3 搅拌摩擦焊CPPS的控制效果

如图4-24所示,在实验加工中,初始设置参数是主轴转速800r/min,焊接前进速度为200mm/min,此时,搅拌头的下压力、扭矩以及机床电流均发生明显的波动,说明加工状态不稳定,实际情况是摩擦热和材料塑性流动不均匀,焊缝表观有明显波纹,后续对该部分制作拉伸试样,经拉伸实验测试,这一部分的抗拉强度只有157MPa。

第4章 智能制造的技术核心

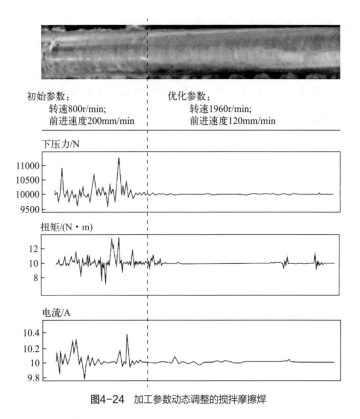

图4-24 加工参数动态调整的搅拌摩擦焊

经过智能分析模块的优化,后端加工参数被优化为搅拌头转速1960r/min,焊接前进速度120mm/min,此时,搅拌头的下压力、扭矩以及机床电流均未发生明显的波动,说明加工状态较为稳定。焊缝表面光滑,对该部分制作拉伸试样和测试,这一部分的抗拉强度达到178MPa。

结果表明,搅拌摩擦焊CPPS能够明显提升加工质量,但是其实时性尚待提升,在初始参数下的加工时间大约40s,对于实际加工来说,反应时间过长,但是,可通过该方法尽快确定最优的加工参数,用于实际的初始设置。而目前采用正交试验法获得最优参数,最少需几十组实验,实验周期长、成本高。

小结

信息物理系统把物理世界和信息世界紧密结合起来,物理世界中对象的状态数据进入虚拟数字世界,在其中进行处理、分析和决策,并把决策结果返回物理世界中,使物理世界中的对象和系统能够高效、协同运行。信息物理系统是控制理论的最新形态。

参考文献

[1] 黄琳,苏伟,王程安. 信息物理系统标准体系框架研究[J]. 信息技术与标准化,2021(8):13-17.
[2] 维纳.控制论——关于在动物和机器中控制和通讯的科学[M]. 郝季人,译. 北京:北京大学出版社,2007.
[3] Lee E A, Seshia S A. 嵌入式系统导论:CPS方法[M]. 张凯龙,译. 北京:机械工业出版社,2018.
[4] 中国轻工业信息网.工业互联网浪潮下的多智能体技术与应用前景分析.2021.11.
[5] Lee J, Bagheri B, Kao H. A Cyber-Physical Systems architecture for Industry 4.0-based manufacturing systems[J]. Manufacturing Letters, 2015(3): 18-23.

第5章 智能制造的关键共性技术

5.1 传感器

5.2 物联网

5.3 大数据

5.4 云计算与边缘计算

5.5 人工智能

电子信息技术的发展为智能制造的发展提供了环境，这些技术包括传感器、物联网、大数据、云计算、人工智能等。传感器的大量运用使得物理对象的状态信息能够进入数字世界，通过网络可以实现物理对象的远程监控，为了实现物理对象之间的协同工作，就需要让它们能够实现数据共享和信息交互，这正是物联网发展的出发点。随着网络的发展与应用，产生了大量的数据，通过分析这些数据能够更好地认识物理对象，并能从中发现更多的规律，就能更加高效地指导系统的运行，这就是大数据的意义。分析海量数据所带来的存储和计算压力巨大，为了让更多的用户能够参与到大数据的分析中，就需要为大家提供便捷、低廉的计算资源，云计算技术就应运而生了。拥有了海量的数据和强大的算力之后，还需要采用高效的分析模式，才能从数字资源中挖掘出价值，人工智能特别是机器学习为我们提供了一种理想的途径。

5.1 传感器

5.1.1 传感器简介

传感器就像耳朵、眼睛一样感知信息，这些信息传递给大脑，经过大脑的分析帮助我们做出决策，如图5-1所示。在工业生产中，生产线和设备的状况直接影响生产效率和质量，因此需要密切关注，状况的好坏是通过各种物理参数来表征的，比如力、扭矩、振动、速度、温度等。

传感器的工作过程可分为四个环节：输入、感知、转换和输出，如图5-2所示。当要测量的物理量发生改变（输入）时，传感器中的即时感知机构也会发生相应的变化（感知），但是这种变化一般都比较微小，难以表示和处理，因此还要把这种微小信号处理成容易观察和处理的电信号（转换），并输出到指定的设备中（输出）。

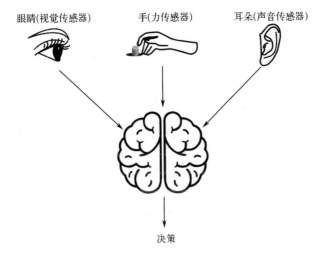

图5-1 人体器官与传感器类比

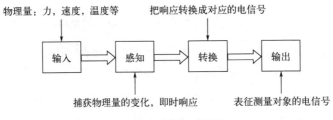

图5-2 传感器的工作过程

例如,图 5-3 所示的电阻应变片及其对应的信号输出电路。电阻应变片是一种感知变形的传感器,这种传感器被牢固粘贴在要测量的对象上,当被测对象受拉变形时(输入),电阻应变片内的金属丝就会被拉长(感知)。金属丝的电阻值与其长度相关,当金属丝被拉长时,其电阻也会变大。把金属丝接入惠斯通电桥,当电阻变大时,电压会发生变化(转换),并通过电压表的指针表达出来(输出)。

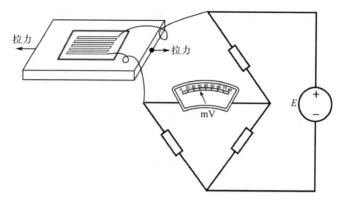

图5-3 电阻应变片及其对应的信号输出电路

5.1.2 工业生产中传感器的作用

传感器的作用是感知物理参数的变化，将其转换为可读的信息并输出。在制造领域中传感器主要用于监测设备状态，以保证设备的正常运行。传感器并不神秘，它是一种有悠久历史、随处可见的工具。

医生诊断时用的"听诊器"就是一种传感器。这种仪器将低音量的声音（如心跳声）传送到医生的耳朵里，医生识别这些声音中的异常，如果有的话，判断病因并做出必要的诊断和处置。听诊器是医生的"眼睛"和"耳朵"，用于感知人体的物理参数（心跳时的声音）。

在制造领域，一个重要任务是在加工过程中监测机床的状况。图5-4说明了传感器在制造过程中的作用。

在监测机床的状况时，要选择合适的参数表征机床状况，机械加工中的切削力或工作电流非常重要，可以使用力传感器或者电流传感器来感知。传感器的输出信号经过信号处理和数据分析，以获得有用的信息。本例中，要从信号中找出切削工具故障或者退化的特征，其实，切削力的突然增大，

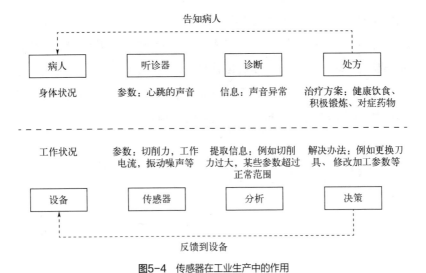

图5-4 传感器在工业生产中的作用

或者切削力超出正常范围很多,都能表征机床的工作状态出现问题。过大的切削力会影响机床的寿命、弹性变形等,而弹性变形会影响加工精度。经过分析,切削刀具已经连续切削了一小时,刀尖已经磨损,导致切削力增大,决策的结果就应该是更换刀具。决策结果被反馈给数控机床,机床可自动换刀。

从以上过程可知,利用各种传感器采集生产系统的各种参数,转换为可被计算机识别的信息,是实现智能制造的第一步。生产过程中,需要检测的物理参数多种多样,而传感器的选择则取决于被检测的物理参数,图5-5中列出了工业生产中各种类型的传感器。

5.1.3 多传感器信息融合

多传感器信息融合也可称为数据融合,其基本原理就像是大脑集中处理人体所有感知器官获取的信息一样,协调所有的传感器,将所有数据在时间和空间上做到统一,合理利用各个传感器的能力,合理分配各个传感器的计算单元,并综合判断信息的有效性和准确性[1]。相比于单传感器,多传感器信息融合系统可更大程度获取探测目标的信息量,将多维信息进行合成,形成对外部环境或被测对象某一特征的表达,经过融合后的传感器信息具有以下特征:容错性、互补性、实时性和经济性。

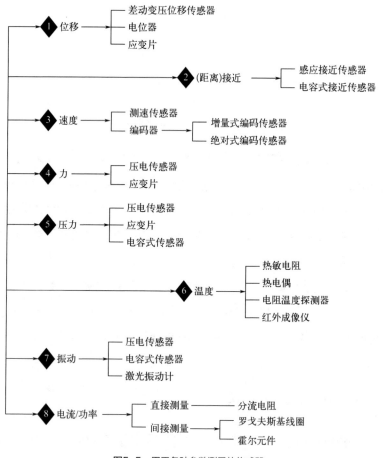

图5-5 用于各种参数测量的传感器

在智能制造领域，以各种控制理论为基础，利用信息融合技术，结合模糊控制、智能控制等理论，结合制造环节的经验和知识，对生产过程的状态参数进行定性、定量分析。按照人脑的功能和原理进行视觉、听觉、触觉、力觉、记忆、学习和分析，对数据进行自动解释，对环境和状态给予判定，实现更加精准高效的生产过程控制和供应链管理。

5.2 物联网

早在 1995 年出版的《未来之路》一书中，比尔·盖茨就提出了物联网（Internet of Things，IoT）概念，但是受限于无线网络、硬件及传感设备的技术状况，物联网在当时并未引起大家的重视。2005 年，在信息社会世界峰会（WSIS）上，国际电信联盟发布了《ITU 互联网报告 2005：物联网》，正式提出了"物联网"的定义，报告指出，无所不在的"物联网"通信时代即将来临，世界上所有的物体从轮胎到牙刷、从房屋到纸巾都可以通过因特网主动进行信息交换。如图 5-6 所示。

图5-6　物联网

现在，物联网技术被认为是信息科技产业的第三次革命，其含义是：通过信息传感设备，按约定的协议，将任何物体与网络相连接，物体通过信息传播媒介进行信息交换和通信，以实现智能化识别、定位、跟踪、监管等功能。

传统互联网信息交互的主角是"人"，而物联网信息交互的主角是"物"，其本质就是物理世界和数字世界的融合。物联网打破了地域限制，实现物 - 物之间按需进行的信息获取、传递、存储、使用等服务。通过物与物之间的网络连接，可以远程操作物品或者确认物品的实时状态，不需要人的介入就能实现物与物之间的互动。

5.2.1 物联网的重要性

通过物联网，将各种设备、工具连接起来，实现信息共享和实时交互，可以实现生产过程的智能化管理，提高生产效率和质量，还可以帮助企业实现资源的有效利用、节约成本。物联网众多优势中较为重要的方面如表 5-1 所示。

表5-1 物联网优势

■ 提高效率 	通过使用物联网设备自动化和优化流程，企业可以提高效率和生产力。例如，物联网传感器可用于监控设备性能，并在设备出现潜在问题导致停机之前及时发现甚至解决，从而降低维护成本并延长正常运行时间
■ 数据驱动	物联网设备会产生大量数据，这些数据可用于制定更明智的业务决策和新的业务模式。通过分析这些数据，企业可以深入了解客户行为、市场趋势和运营绩效，从而在战略规划、产品开发和资源分配方面做出更明智的决策

续表

■ 节约成本	通过减少人工流程和自动化重复性任务，物联网可帮助企业降低成本，提高盈利能力。例如，物联网设备可用于监控能源使用情况并优化能源消耗，从而降低能源成本，提高可持续发展能力
■ 增强用户体验	通过使用物联网技术收集有关客户行为的数据，企业可以为客户创造更加个性化、更具吸引力的体验。例如，零售商可以利用物联网传感器跟踪顾客在店内的活动，并根据他们的行为提供个性化的优惠

5.2.2 IPv6

物联网要实现海量的设备接入网络，其中的一个重要问题是给每一个设备分配一个网络地址，才能实现数据的准确传递，就像寄送快递一样，每个快递包裹都需要表明唯一的地址才能准确送达。现有的网络地址标准是 IPv4，即互联网通信协议第四版，采用的地址格式是 32 位（4 个字节），如图 5-7 所示。

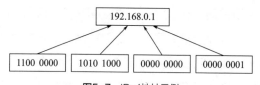

图5-7 IPv4地址示例

IPv4 的地址理论数量为 2^{32}，大约为 42 亿，相对于海量的网络设备来说，这个数量太少了，以至于到 2014 年，网络地址就已经分配完毕了。为了解决这个问题，引入了网络地址转换（NAT）和端口映射机制，实现局域网设备公用 IP 地址，如图 5-8 所示。

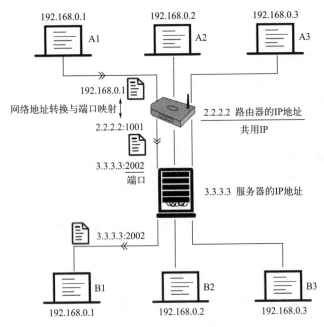

图5-8 网络地址转换与端口映射示意图

图 5-8 中，设备 A1 给设备 B1 发送文件，必须标明发件者和收件者的 IP 地址，而且 IP 地址必须是唯一的，否则发送会失败，但是如上文所述，在 IPv4 标准下已经没有新的地址了。为了解决这个问题，设备 A1、A2、A3 通过路由器发送或者接收数据时，它们共用路由器的 IP 地址"2.2.2.2"，同时使端口 1001 与 A1 匹配；同时，设备 B1 也与地址"3.3.3.3：2002"匹配。当路由器将文件发送至服务器（3.3.3.3）时，服务器会把文件传送至其局域网中的"192.168.0.1"。

该机制在一定程度上缓解了 IPv4 中地址不足的问题，但是随着网络规模的不断扩大，这一难题仍然让人充满担忧，而且网络数据包经过多次转发，也会带来丢包和延迟的问题。

互联网通信协议第六版（IPv6）能够从根本上解决这一问题，IPv6 采用 8 组 4 位十六进制数来表示地址，如图 5-9 所示。理论上，这个地址数量有 2^{128} 个，这个数量足以为地球上每粒沙子分配一个地址，足以解决物联网中海量设备的接入问题。但问题是 IPv6 与 IPv4 并不能直接兼容，因此，虽然 IPv6 取代 IPv4 是必然的趋势，但是其发展还需要一些时间。

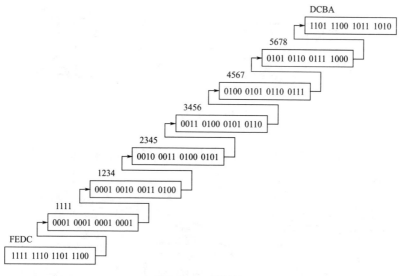

图5-9　IPv6的地址

5.2.3　RFID

在物联网中除了海量的网络设备之外，还要处理海量的物品，这就需要对物品进行识别，在物品身份识别技术中，无线射频识别技术（RFID）最具优势，目前已经得到广泛的应用。

RFID 的工作原理如图 5-10 所示，包含标签和阅读器两个部分，标签负责记录物品信息，阅读器负责读写芯片中的物品信息，二者之间通过电磁波交互。标签由天线和芯片两个主要部分组成，天线负责发送信息，芯片负责记录和处理信息。当阅读器接近标签时，二者会产生"互感"，即建立连接。由于采用电磁信号进行交互，因此即使在有障碍物的情况下也可实现信息读写。

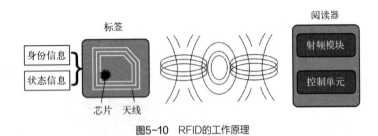

图5-10　RFID的工作原理

RFID之所以能够得到广泛的应用是因为其具备很多优点，如图5-11所示。

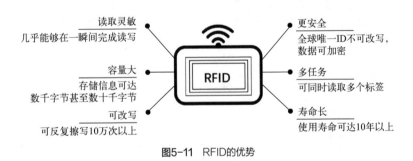

图5-11　RFID的优势

5.2.4　5G通信

5G的全称是第五代移动通信技术，相对于4G通信，5G提供了更大的带宽，从而保证网络传输速度，降低网络延迟。在4G网络中，由于带宽的限制,如果在一个区域内大量设备同时连接网络,就会出现明显的网速下降。例如大型运动会赛场,观众数量太多,大家的手机就会有明显的网络卡顿,但是等到比赛结束,观众离场之后,在该区域使用手机,网络就会恢复正常。

这种现象类似于高速公路,车道数是固定的,车辆较少时,大家都可以按照规定的最高速度通行,但是,车辆数量很多时,车速就不可能很快,甚至会出现堵车。如果增加公路的宽度,即增加车道数,虽然并不能增加车辆的速度上限,但是为车辆提供了更大的通行空间,就可以在允许更多车辆通行的同时,保证较高的通行速度(图5-12)。5G移动通信技术与此类似,通过大幅增加网络带宽改善网络通信质量。

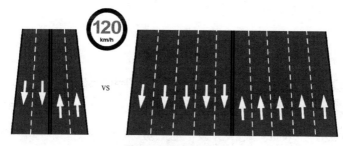

图5-12 增加通行容量

移动通信中,为了保证无线电波彼此不干扰,就把不同的波段划分为不同的用途,我国三大运营商获得的波段如表5-2所示。无线电波的上限频率与下限频率之差就是带宽,与高速公路的车道数类似。

表5-2 我国LTE频谱划分

公司	频谱/MHz	带宽/MHz	频谱/MHz	带宽/MHz
中国移动	1880~1900	20	2575~2635	60
	2320~2370	50		

续表

公司	频谱/MHz	带宽/MHz	频谱/MHz	带宽/MHz
中国联通	2300~2320	20	1955~1980	25
	2555~2575	20	2145~2170	25
中国电信	2370~2390	20	1755~1785	30
	2635~2655	20	1850~1880	30

在物联网背景下，需要接入网络的设备预计可达500亿部，其密集程度要远远高于目前的手机分布密度，就需要更大的带宽。但是如表5-2所示，无线电波的低频段几乎已经分配完毕，要增加带宽只能开发更高频段的频谱资源，目前选择的频段大概位于28GHz。这里我们首先要注意下面的公式：

$$光速 = 波长 \times 频率$$

越高的频率意味着越小的波长，而较小波长的电磁波在传输过程中衰减得较快，而且难以绕过障碍物，这对信息传输是不利的。5G标准中使用的电磁波长约为10.7mm，属于毫米波，为了充分利用高频段的频谱资源就要解决短波传输所带来的难题。

4G基站的覆盖半径能够达到几公里，而5G基站的覆盖范围只能达到200~300m，因此，5G基站的数量远远大于4G基站的数量。由于数量多，又带来了两个问题，一是要求基站体积不能太大，必须能够方便地在城市中建设；二是基站功耗要低，否则维护如此庞大规模的基站是不现实的。

5G技术研发的目标就是通过解决这些难题，开发高频段的频谱资源，为更大规模的网络接入提供稳定、快速的通信服务。

5.3 大数据

5.3.1 什么是大数据

21世纪以来,随着移动互联网的普及、物联网的快速发展,产生数据的速度越来越快,规模越来越庞大,类型也越来越复杂,各大企业越来越重视从海量的数据中挖掘有价值的信息(图5-13)。

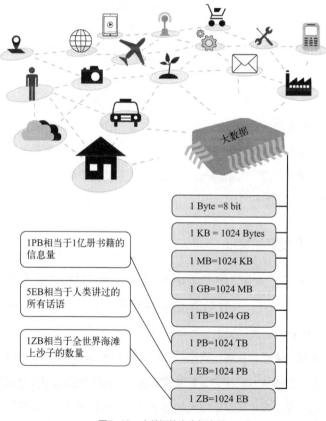

图5-13 大数据的产生与度量

例如，福特汽车利用大数据推进产品创新和优化，福特福克斯电动汽车能够记录行驶过程中的数据，如汽车速度和加速度的改变，油门、制动、电池电量以及车辆位置信息都会被采集并发送给汽车工程师，使他们了解客户的驾驶习惯，从而制订产品改进计划，实施产品创新，不断提升客户的驾驶体验。

但是，随着数据量不断地增加，数据存储和分析难度呈几何级增长，传统模式暴露出众多问题，主要在于存储容量、读写速率、计算效率等方面无法满足企业的需求，为了解决这些问题，就需要进行技术革新，比如谷歌公司最早提出 MapReduce、BigTable、GFS 三项技术，用以解决大数据的存储和计算问题。

舍恩伯格在他的著作《大数据时代》中提出了大数据（big data）的定义，指无法在一定时间范围内用常规软件工具进行捕捉、管理和处理的数据集合，是具有海量、高增长率和多样化特征的信息资产，需要新处理模式才能充分挖掘其价值，成功运用大数据可使人们具有更强的决策力、洞察发现力和流程优化能力[2]。

5.3.2 大数据的特征

阿姆斯特丹大学 Yuri Demchenko 提出，大数据具有五个特征，如图 5-14 所示，包括：大量（volume）、类型多（variety）、高速（velocity）、真实（veracity）和低价值密度（value）。

- 大量：采集、存储、管理、分析的数据量很大，超出了传统数据库软件工具能力范围的海量数据集合。目前一般指超过 10TB 规模的数据量，但未来随着技术的进步，符合大数据标准的数据集大小也会变化。

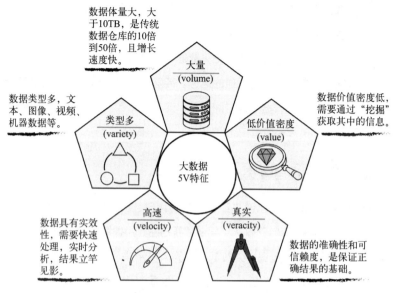

图5-14 大数据的5V特征

- 类型多:大数据包括多种不同格式、不同类型的数据。数据来源的多样性导致数据类型的多样性,制造领域的数据类型包括产品三维模型、报告、工艺参数、销售记录等。数据可分为三种基本类型:结构化数据、非结构化数据和半结构化数据。其中非结构化数据的数量远远多于结构化数据,对数据处理能力提出了更高的要求。
- 高速:数据生成、流动速率快。数据流动速率指对数据的采集速度、存取速度和分析速度。大数据往往以数据流的形式动态、快速地产生,具有很强的时效性,数据自身的状态与价值也往往随时空变化而发生演变,因此数据的采集和分析等过程必须迅速及时。
- 真实:数据的真实性和可信赖度。数据一旦失去了真实性,必将误导人们的行为,据此做出的认知、判断和决策就会出现问题;数据的真实性要求数据的处理和利用过程正确无误,收集、分析、解读时要采用合理的方法。
- 低价值密度:存在大量不相关数据,数据价值密度低,必须从海量数据中"挖掘"出有价值的信息。能够获得多少有价值的信息与数据的真实性和数据处理时间相关。或者随着数据量的增长,数据中有意义的信息却没有按比例增长。

5.3.3 大数据视角转变

随着技术不断进步,过去不可计量、存储、分析的事物都被数据化了,而大数据被誉为"新石油",要从"新石油"中提取出有用的产品,就要采用新模式处理大数据,大数据技术为人类带来了认识世界的新方向:①使用全数据而非抽样分析;②注重相关性而非因果关系;③接受混杂而对精确性妥协(图5-15)。

图5-15 大数据技术带来的认知变革

(1)使用全数据而非采样分析

采样分析是从全体要分析的对象中随机抽出一部分样本进行分析,以样本分析的结果说明总体的信息。如图5-16所示,为了获得国民的身高数据,理论上应该用所有人的身高(总体)的和除以总人数,但是,要测得所有人的身高数据是一个成本高、效率低的事情,我们国家20岁到60岁的人口有大约10亿人,要全部测量他们的身高数据,工作量很大,而且要花很长的时间，使最终获得的数据失去意义，因为总体已经变化了。为了快速获得身高数据，随机抽取一部分人（样本）测量身高，把样本分析结果代表总体情况，这是一条"捷径"，通过合理的抽样分析，结果误差能够控制在小于3%。

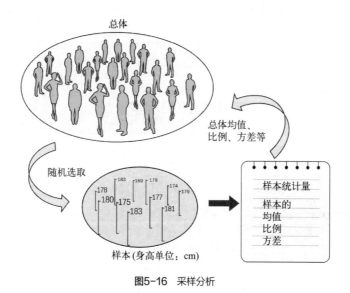

图5-16　采样分析

这条"捷径"存在固有的缺点。首先，要保证随机采样，若不能满足随机性，则通过样本分析得到的结果会与实际情况相差甚远。但是，怎样保证"完全的随机"，怎样衡量"随机的程度"，是具体操作过程中的"人为"设计，实际在大多数情况下采样的随机性都有待考量。其次，在抽样分析中，采样有明确的目标，用于分析某一参数，图5-16中的目标是分析身高，样本就是身高数据。若要分析体重的信息，就需要重新采样，测量体重信息。最后，抽样分析方法中，用样本的分析结果表示总体的状态，能够达到很高的精确度，但是，仍然存在微小误差，如果分析结果是决策的依据,这样的误差有可能造成决策失误。

大数据建立在"掌握所有数据"的基础上,并不是专门设计为某一目标服务的。比如图5-17中,系统拥有所有人的全面信息,可以为很多分析目标服务,可以分析身高信息、体重信息,也可以分析购物喜好、消费趋向。分析国民身高问题时,就是"全数据"分析,不存在"随机抽样"引起的偏差,结果可以说是"精确的",甚至分析不同年龄段、不同区域的身高问题也很方便。

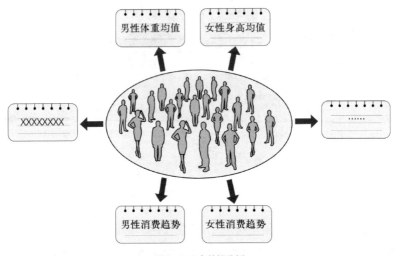

图5-17 全数据分析

(2)注重相关性而非因果关系

相关性分析帮助我们识别有用的关联物,而不是揭示其内部运作机理,也就是说,有些情况下我们并不需要分析事物之间关联的原因。如图5-18所示,通过大数据分析,发现喜欢A商品的消费者大概率也会喜欢B商品,那么就认为购买A和购买B的活动是相关的,当图片左侧的消费者购买商品 A 的时候，系统就可以继续为该消费者推荐商品 B，但是，系统并不问为什么："为什么喜欢商品 A 的消费者也会喜欢商品 B 呢？"我们的关注点是事件 A 发生的次数增加时，事件 B 发生的次数也增加了，这就是关联性。

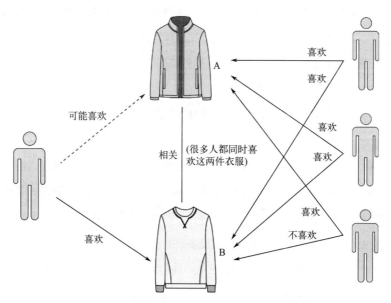

图5-18　建立在相关性分析基础上的商品推荐

这是一种思维方式的改变。我们比较习惯的是机械思维，发现一种现象时，自发地思考这种现象出现的原因，它的根源是什么。或许我们能够从性格、成长环境、教育程度等方面去分析同时喜欢商品 A 和商品 B 的原因，但是这个过程是极其复杂的，很可能得不到满意的答案。从销售方出发，他的主要目的是增加销量，而不是寻找现象的原因。

在"小数据"时代，人们想要找到这种相关关系，就要在"理论假设"的基础上提出"抽象观点"。图 5-18 的示例中，为了找到 A 的关联物，可能就会假设"每个喜欢立领夹克的顾客，都喜欢 V 形领口的 T 恤，因为没人会单独穿一件夹克，而搭配 V 形领口的 T 恤是最好看的"，然后收集相关数据以证明这个"观点"，当找到一个案例，比如图 5-18 中右侧最下方的顾客，而这个案例不符合"抽象观点"，然后就要反复查找原因，到底是"抽象观点"错了，还是案例是异常的。因为我们无法获得全部数据，所以无法判断右侧最下方的顾客的情况是不是异常的。

在"大数据时代"，我们拥有海量的数据，超强的计算能力，为了找到相关关系，我们不再需要这样的"假设"，而是直接从大数据中挖掘，甚至在分析之前，我们并没有意识到这种关系的存在。比如"纸尿裤"与"啤酒"的关联关系，根据沃尔玛超市的数据分析，发现在周末购买纸尿裤的顾客，还会购买啤酒，如图 5-19，这种现象被称为"纸尿裤与啤酒效应"，沃尔玛超市据此把纸尿裤与啤酒摆放在相同的区域，结果纸尿裤和啤酒的销量都增加了。知道"是什么"就够了，没必要知道"为什么"。当然也可以分析一下其中的原因（更可能是过度归纳）：

- 因为周末通常是人们购买日常用品的时间，同时也是放松和娱乐的时间，父母在购买纸尿裤时，往往会顺便购买啤酒，以便在家中享受周末时光。

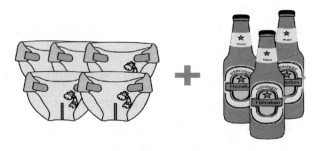

图5-19　一种难以发现的相关关系

- 因为在有婴儿的家庭中，一般是母亲在家中照看婴儿，年轻的父亲去超市买纸尿裤，父亲在购买纸尿裤的同时，往往会顺便为自己购买啤酒。
- 因为在买婴儿纸尿裤时，会让年轻的父母想到照顾婴儿所带来的压力，想借酒消愁，所以同时也会买啤酒。

……

（3）平衡数据的精确性和完整性

数据的精确性，是指数据是否能够真实地反映现实情况，是否有错误、偏差、噪声等影响数据质量的因素。数据的完整性，是指数据是否能够覆盖所有的相关信息，是否有缺失、冗余、不一致等影响数据质量的因素。

在"小数据"时代，因为每条数据都会对结果产生巨大的影响，要获得准确、可信的结果，必须排除错误数据的影响，因此，要努力使数据记录尽量精确。到了大数据时代，核心任务是从海量数据中洞察规律，获得海量数据是基础，在获取海量数据的时候，一些错误数据混入数据集是难以避免的，而且一定程度范围内的"不精确"并不影响结果。

数据的精确性有利于获得精确的结果，但不是决定因素，因为大数据的低价值密度特征，单个数据对总体的影响很小，数据的完整性对于得到有用的结果更加关键。如果在避免错误、追求精确方面付出较多的努力，反而会降低收集数据的速度和效率。在大数据范畴内，采集数据时应注意精确性与完整性的平衡，只需要按照普通标准保证数据的精确性，更多的努力应放在快速、高效地采集更加完整的数据上。

以自然语言处理技术为例，20世纪90年代，IBM的CANDIDE翻译系统以300万句准确度很高的官方资料为基础，投入了大量的资金和时间，最终翻译能力也没有提升到可接受的程度。而谷歌的翻译系统利用从互联网上合法得到的上万亿的语言资料，使翻译能力取得了划时代的进展

（图5-20）。谷歌公司人工智能技术专家彼得·诺维格曾提出："大数据基础上的简单算法比小数据基础上的复杂算法更加有效。"

注重完整性同时也意味着数据的混杂性。大数据的混杂性是指由于大数据来源较多，数据格式不统一，导致数据的质量和可用性不一致。大数据可能包含了文本、图片、视频、音频等多种类型的数据，也可能包含了存在错误、重复、缺失、不完整等多种问题的数据，需要使用更先进的技术和方法来解决数据的整合、清洗、转换和标准化等问题。

 vs

图5-20　两种翻译系统

5.3.4　大数据处理过程

大数据是未来的"新石油"，积极而有效地利用大数据，可从中挖掘出有价值的信息，帮助企业提高生产效率、创新设计、改良产品、优化服务，从而增加企业的竞争力。对大数据的处理和应用可分为5个环节，如图5-21所示。

（1）数据采集与记录

利用多个数据库来接收发自客户端或传感器等的数据，并进行简单的查询和处理。例如，可以利用Python编程语言编写爬虫程序，通过调用API接口获取某网页提供的销售数据（图5-22）。

图5-21　大数据的处理环节

```
import requests
response = requests.get('https://api.xxx.com/sales.data')
salesData = response.json()
```

图5-22　程序

Apache 公司的 Flume 系统（图 5-23），可以实时地从多个数据源读取数据，并将数据写入 HDFS 或其他目的地。Flume 的基本架构包括三大组件：source，channel 和 sink。source 负责接收数据，channel 负责缓存数据，sink 负责输出数据。Flume 还支持拦截器、选择器、sink 组和 sink 处理器等功能，以实现数据过滤、转换、路由、负载均衡和错误恢复等功能。

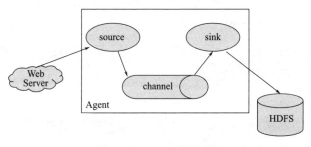

图5-23　Flume系统的架构

（2）数据抽取与清洗

从原始数据中提取有用的信息，去除噪声、冗余、缺失、冲突等数据质量问题，给数据添加标签或元数据。如果信息存储在关系数据库中可以使用图 5-24 中的 SQL 语句验证销售数据的字段是否完整、数据类型是否正确等。

```
SELECT COUNT(*) FROM sales WHERE product_id IS NULL OR
sales_volume IS NULL OR sales_amount IS NULL;
```

图5-24　SQL语句

数据清洗是对数据进行重新审查和校验的过程，目的在于删除重复信息、纠正存在的错误，并提供数据一致性。数据清洗是数据分析的准备工作之一，它可以帮助我们更好地理解数据，发现数据中的问题，为后续的数据分析提供更加准确、可靠的基础。

（3）数据存储

根据数据的类型和特征，选择合适的存储方式和平台，如关系型数据库、非关系型数据库、分布式文件系统等。例如，可以利用图 5-25 中的程序代码将销售数据保存在 MySQL 数据库中。

在处理大数据存储问题时，一般采用分布式存储，如图 5-26 所示，一个文件会被分成多个部分，例如 A、B、C 三个部分，一方面，三个部分会被存储到不同的硬件上，另一方面，每一部分都不会只存一份，而是有多个备份，从而保证文件的安全性。

（4）数据分析

利用各种算法和模型，对数据进行挖掘、统计、机器学习、深度学习等，发现数据中的规律、趋势、异常等（图 5-27）。

```
import pymysql
conn = pymysql.connect(host = 'localhost',
                       port = 3333,
                       user = 'root',
                       password = 'password',
                       db = 'salesData')
cur = conn.cursor()
for data in sales_data:
cur.execute("INSERT INTO sales (product_id,
                      sales_volume,
                      sales_amount)
                  VALUES (%s, %s, %s)",
                  (data['productId'],
                   data['volume'],
                   data['amount']))
cur.close()
conn.close()
```

图5-25　程序代码

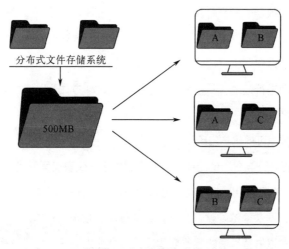

图5-26　分布式存储示意图

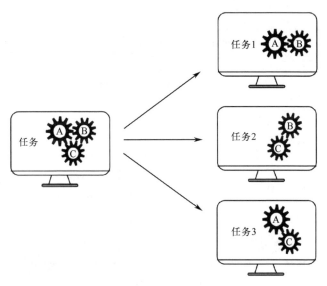

图5-27 并行任务示意图

由于大数据的分析计算往往需要比较大的算力,并且计算时间较长,因此为了满足大数据分析的"实时性"要求,在大数据处理过程中,采用并行计算的方式,将大数据分成多个小数据块,然后让计算机操作系统调配可用资源进行处理,并在最后组装结果,这种方式可以提高大数据处理和分析速度。

(5)数据可视化与应用

将数据处理与分析的结果,以图表、报告、仪表盘等形式呈现给用户,帮助用户理解和利用数据(图5-28)。数据可视化可以帮助人们更快速、方便地获取数据并理解隐藏在数字背后的信息。根据数据展示/可视化的结果,为用户提供有价值的服务或建议,如个性化推荐、智能决策、风险预警等。

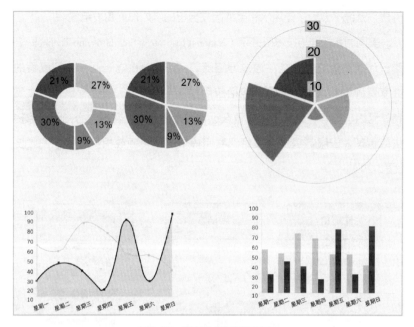

图5-28 图表形式的数据可视化

5.4 云计算与边缘计算

5.4.1 云计算

2006年,cloud computing这个名词开始出现,2008年cloud computing在中文中开始被翻译为"云计算"。云计算是继个人计算机变革、互联网变革之后的第三次信息产业变革,是信息技术和社会生产力发展的结果。云计算代表了信息产业规模化、专业化、精细化和自主化的趋势[3],人们将像使用水和电一样使用计算资源,即按需使用。想要获得高性能的计算资源,用户可以不用投入高昂成本用于购置硬件,只需要为自己需要的资源付费,就像不会为了使用水和电而建立自己的水处理厂和发电站。

美国国家标准与技术研究院(National Institute of Standards and Technology)对云计算的定义为:能够通过网络随时、方便、按需访问一个可配置的共享资源池的模式。资源池包括应用程序、服务器、数据存储、开发工具、网络功能等,这些资源托管在远程数据中心上,数据中心由云服务提供商管理,云服务提供商按订阅费用提供这些资源或根据使用情况收费(图5-29)。

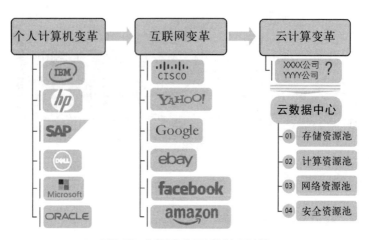

图5-29 信息产业的三次革命与云计算

5.4.1.1 传统IT建设存在的主要问题

目前,大多数公司为了满足自身对计算资源的需求,需要自己建设计算机中心,公司成员可申请使用计算机中心的计算资源,如图5-30所示。

(1)投资成本高、利用率低

公司的数据中心是专用的,企业之间,甚至企业内部各部门之间无法共享资源,基础设施重复投入;在部署基础设施时,需要应对峰值需求,

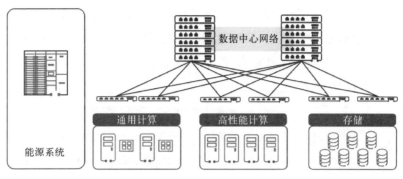

图5-30 企业数据中心示意图

造成大部分时间计算资源处于过剩状态；服务器的测试工具也要占用一些计算资源。据统计，大部分企业的服务器实际利用率都低于30%。

（2）业务流程环节多、运维成本高

企业数据中心的运维工作主要包括以下几方面（图5-31）。

图5-31 数据中心运维工作的一般内容

网络运维工作包括测试网络接入速度，监控网络访问可用性和质量，处理网络故障和变更，维护网络设备和线路，保障网络安全等；服务器运维工作涉及监控服务器性能和状态，处理服务器故障和变更，维护服务器硬件和软件，保障服务器安全等；存储运维工作需要监控存储容量和性能，处理存储故障和变更,维护存储设备和数据,保障存储安全等;基础设施运维工作涉及监控电力、空调、消防、安防等基础设施的运行情况,处理基础设施故障和变更,维护基础设施设备和环境,保障基础设施安全等。

(3)能耗问题突出

据估算,企业数据中心在硬件上每投入1元钱,在能耗上也会支出1元钱。企业数据中心的能耗主要包括:信息通信设备能耗约占50%;制冷设备(机房空调)能耗约占30%;不间断电源能耗约占15%;配电单元及照明设备能耗约占5%(图5-32)。

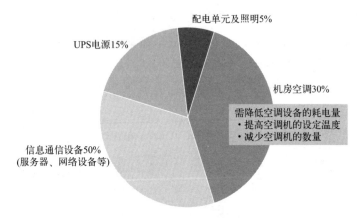

图5-32 企业数据中心能耗情况

信息通信设备包括服务器、存储、网络等;制冷设备包括空调、风机、水泵等,用于为数据中心提供冷却和温控;配电设备包括变压器、开关、电池等,用于为数据中心提供稳定和可靠的电源;照明设备包括灯具、开关等,用于为数据中心提供照明和指示。

5.4.1.2 云计算的优势

弹性:云计算可以快速扩展,无须配置物理机,当需求下降时,云计算可以缩减基础架构以满足实际需求，无须为不需要的资源付费（图5-33）。

节省成本：云计算采用按需付费的模式，用户只需要为实际使用的资源和服务付费，而不需要为闲置的资源浪费资金。云计算还可以节省维护、管理、电力等方面的成本。

安全：云计算提供了多种安全措施，包括数据加密、身份验证、访问控制、防火墙等，保护用户的数据和应用不受恶意攻击或泄露。云计算服务商通常拥有专业的安全团队和先进的安全技术，能够及时发现和处理安全威胁，比用户自己管理数据更加安全可靠。

创新性：云计算提供了丰富的服务和功能，支持用户开发和部署各种创新的应用，例如人工智能、大数据、物联网等。云计算使用户能够快速地获取最新的技术和平台，无须自己搭建和维护复杂的环境，从而提高了创新能力和竞争力。

图5-33 云计算的自助选择与按需付费

5.4.1.3 云计算的服务模式

美国国家标准与技术研究院把云计算的服务模式分为三种：基础设施即服务（IaaS）；平台即服务（PaaS）；软件即服务（SaaS）。

为了说明云计算三种服务模式（图5-34）的特点，用建立办公室来类比，如图5-35。想要拥有一个自己的办公室，最基础的方法是找一块地，买好水泥、钢筋，自己建一个房子；然后就要装修房子，接入水电和网络，摆好桌椅；最后要根据业务需求配置相应的办公设施。这样就可以展开业务了。这种做法费时费力成本高，需要找到更好的方式。

图5-34 云计算的三种服务模式

基础设施即服务（IaaS）是通过互联网以即用即付的方式提供计算、存储和网络资源等IT基础设施，用户可以使用IaaS请求获取所需的资源，用以部署和运行任意软件，包括操作系统和应用程序。IaaS提供商负责管理基础设施的可用性、安全性和可扩展性。从建立办公室的角度来说，这

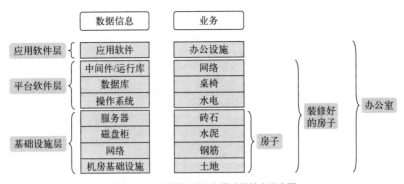

图5-35 云计算三种服务模式的特点示意图

种方式不用自己盖房子，利用服务商提供的房子，经过装修和配置办公设施就可以开展业务了。这种方式的优点是：

- 灵活：可以根据需求快速增加或减少资源，无须预先购买或闲置资源。
- 低成本：只需为使用的资源付费，无须投资和维护昂贵的硬件设备。
- 可靠：可以利用IaaS提供商的多个数据中心和备份机制，保证数据的安全和恢复能力。
- 便于访问：可以通过互联网从任何地方访问你的应用程序和数据，无须担心地理限制或网络中断。

平台即服务（PaaS）为客户提供一个平台，用于开发、运行和管理应用程序。PaaS提供商负责在其数据中心托管所有资源，包括服务器、网络、存储、操作系统软件、数据库、开发工具等。相较于构建和管理本地平台，PaaS客户能以更低的成本、更快的速度构建、测试、部署、运行、更新和扩展应用程序。从建立办公室的角度来说，这种方式不用盖房子也不用自己装修了，只要配置好办公设施就可以展开业务了。这种方式的优点是：

- 效率高：用户可以专注于应用程序的开发和创新，而不需要担心基础设施的配置和管理。
- 兼容性高：用户可以利用 PaaS 提供商提供的标准化的开发环境和工具，确保应用程序的一致性和可移植性。
- 可扩展：用户可以根据应用程序的需求和性能，自动或手动调整资源的分配和使用。
- 支持协作：用户可以与其他开发者共享代码和数据，实现团队协作和知识共享。

软件即服务（SaaS）为客户提供可通过互联网访问的应用程序。SaaS 提供商负责运营、管理和维护软件及软件运行所在的基础架构，包括服务器、网络、存储、安全、备份等。客户只需创建一个账户，支付费用，即可开始使用软件。相较于购买和维护本地软件，SaaS 客户可以以更低的成本、更高的效率、更好的可用性和更强的灵活性使用软件。从建立办公室的角度来说，办公室已经完成，可以直接使用、展开业务了。这种方式的优点是：
- 便捷：用户可以通过互联网从任何地方、任何设备访问软件，无须担心兼容性或更新问题。
- 低成本：用户可以根据需要选择合适的软件服务，无须购买和维护昂贵的硬件和软件许可证。
- 可靠：用户可以利用 SaaS 提供商提供的高可用性、故障恢复和数据保护机制，保证软件的正常运行和数据的安全。
- 可定制：用户可以根据自己的业务需求和偏好定制软件的功能和界面，提高用户体验和满意度。

5.4.2　边缘计算

云计算涉及用户和云服务提供商之间的数据交互，因此网络延迟会影响云计算的性能和体验。如果用户访问的云服务部署在距离较远的数据中心，就会有明显的响应延迟，对于实时性或交互性要求较高的应用，直接采用云计算模式难以满足需求。

例如产品质量控制工作，当检测到生产线上的异常情况时，需要能够立即采取行动，以便在不影响其他制造过程的情况下消除有问题的部件；将由人工智能或者深度学习驱动的异常检测应用置于生产线附近，有助于改善制造业质量管理所需的速度。

为了充分利用云计算的优势，同时避免云计算在网络延迟等方面的弱点，边缘计算应运而生。如图 5-36，边缘计算的应用程序是在数据源头边缘侧发起的，减少了数据在网络上转移的过程，网络服务响应速度快，同时避免云计算模式中存在的弱点。

边缘计算可以提供以下三个优点：
- 超低时延：计算能力部署在设备侧附近，对设备的请求能实时响应；

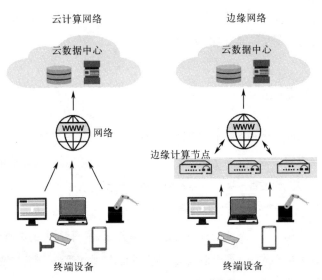

图5-36 云计算与边缘计算架构比较

- 高效节能：数据在边缘侧处理，减少数据在网络中的传输，节省带宽；
- 数据安全：数据在边缘侧加密和分析，保护数据的隐私和安全。

以下是几个节点的解释。

终端节点：由各种物联网设备（如传感器、RFID标签、摄像头、智能手机等）组成，主要完成收集原始数据并上报的功能。在终端层中，只需提供各种物联网设备的感知能力，而不需要计算能力。

边缘计算节点：通过合理部署和调配网络边缘侧节点的计算和存储能力，实现基础服务响应。

网络节点：负责将边缘计算节点处理后的有用数据上传至云计算节点进行分析处理。

云计算节点：边缘计算层的上报数据将在云计算节点进行永久性存储，同时边缘计算节点无法处理的分析任务和综合全局信息的处理任务仍旧需要在云计算节点完成。除此之外，云计算节点还可以根据网络资源分布动态调整边缘计算层的部署策略和算法。

5.5 人工智能

人工智能早已融入我们的生活，最明显的例子就是视频网站和购物网站，网站推荐内容往往就是自己比较感兴趣的，如果跟别人看到的内容对比一下，你就会发现，网页地址虽然相同，但是内容是不同的，因为网站会根据用户的历史浏览内容判断用户的兴趣点（图5-37）。根据不同的情形，经过判别和决策，给出针对性的方案，这正是"智能"的本意。这种智能不是天然形成的，是专业人士采用不同的技术和算法，通过计算机程序实现的，所以是"人工智能"。

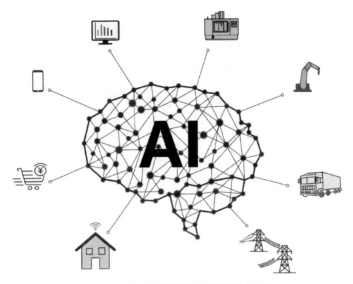

图5-37 人工智能已经融入生活的各个方面

5.5.1 人工智能的基本思想

人工智能技术是模仿人类智能去解决问题，它能灵活地应对不同的情况，从模棱两可的信息中理出头绪，认识多种影响因素的相对重要性，从众多不同的事物中发现共性，或者从相似的事物中发现差异。在制造业中应用人工智能，可以解决以下几个问题：

① 及时发现生产系统中的异常信号，分析异常原因，对生产系统进行针对性维护，防止不必要的停机造成的损失；

② 对产品进行实时监控，实现在线质量控制；

③ 实时控制各生产环节，协调和优化生产工艺；

④ 观测市场信息，预测市场走势，辅助制订商业计划，降低风险。

比如，一位资深高级工，有多年的机床操作经验，对机床非常熟悉，甚至能够通过机床工作时的声音判别机床的运行情况，及时对机床进行维护，保证良好的加工质量。人工智能要代替这位高级工监控机床的运行，需要怎么做呢？这个过程可以用DIKW（data-information-knowledge-wisdom）模型（图5-38）来说明，这是一个获取数据、提炼信息、总结知识、通悟智慧的过程。

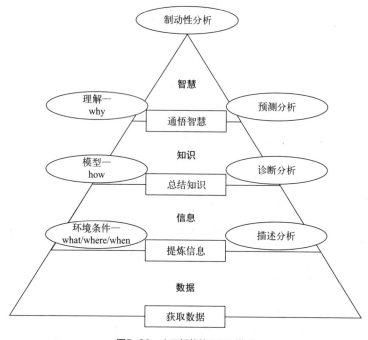

图5-38 人工智能的DIKW模型

以机床的预测性维护为例，首先需要安装声音传感器来收集机床的声音信号，相当于实现录音功能，这个直接获得的声音信号就是数据（data），如图5-39所示。这段声音数据杂乱无章，还包含一些不是来自于机床的声音或干扰，从这样的数据中我们并不能发现问题。

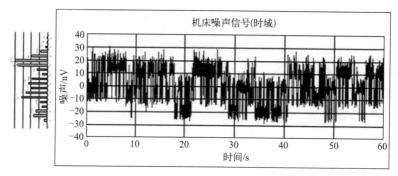

图5-39 机床的噪声信号

采用适当的方法去掉噪声和干扰,从声音信号中提取出特征值,比如某个时刻声音大了(振幅),或者声音尖锐了(频率),或者声音嘈杂了(复杂的频率组成),或者振幅和频率都维持在正常水平,这样就从数据中提取了信息(information),用以说明发生了什么。如图 5-40,通过频谱分析,发现某些频率的噪声特别明显。

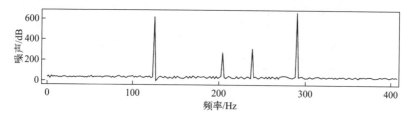

图5-40 机床噪声的频谱

为什么会出现这样的情形呢?为了回答这个问题,需要对这些声音特征进行解释,即建立声音信号与机床运行状况的联系,这也正是用于判别机床运行情况的知识(knowledge)。

最后一个问题是机床为什么会出现问题,怎样避免异常情况,使机床尽可能保持健康状态,从而进行高质量的加工,而这种智慧(wisdom)的特征是能够进行预测,即机床出现这种特征的噪声可能预示着某些零部件出现了问题,比如轴承润滑达不到规定的效果,需要添加或者更换机油。要领悟这种智慧,需要长期的观察和经验的积累,对于人类的思维来说,获得这种智慧并非易事,甚至还需要一些好运。所以人们希望借助计算机的力量,让计算机帮助人们去发现这些规律或者关联关系,称之为"人工智能"。

5.5.2 机器学习

机器学习是人工智能的一个重要子领域,它包括了当今非常火热的"深度学习",它们的关系如图 5-41 所示。

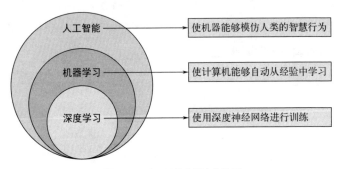

图5-41 人工智能中概念的关系

类似于人类从经验中学习,机器学习是计算机从数据中学习规律并进行预测的过程。机器学习仍然是计算机程序,但与传统的程序有明显的区别,如图 5-42 所示。传统的程序是一种固定了的指令集合,所有的输入经过相同的逻辑处理过程得到对应的输出。以图中对水果进行分类为例,所有的判断条件都是在程序中写定的,依次逐步判断,最终完成对水果的分类。

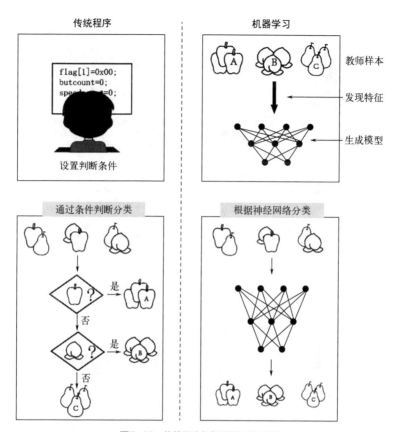

图5-42 传统程序与机器学习的区别

机器学习的程序通过对历史数据（教师样本）的分析寻找一种判别或者解决问题的模式，然后用这个机器自己发现的模式处理新的输入，得到对应的输出，随着经验的积累，模式还会更新，能够更好地处理问题。在水果分类的例子中，首先要告诉系统，哪些是苹果，哪些是桃子，哪些是梨，系统自动搜索特征，并把特征与水果对应起来，这就是模型，模型建立之后，系统就可以识别这些水果了，这个过程跟小孩子学习的过程是相似的（图5-43）。

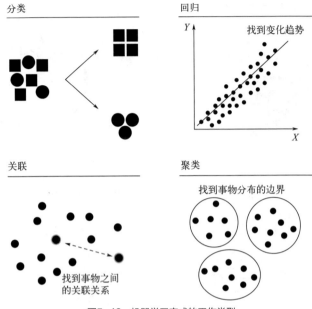

图5-43 机器学习完成的工作类型

上述是利用机器学习进行分类的过程,除了分类,机器学习还能完成的工作包括回归、关联和聚类。

机器学习是围绕目标通过训练获得最优模式的过程,目标不同,学习的方法也不同(图5-44),根据学习方式可分为三类:监督学习;无监督学习;强化学习。

监督学习需要准备有正确答案的数据,即教师数据,系统从中学习特征和模式,即训练模型,训练完成后即可用于识别一定范围的对象。典型算法包括:支持向量机、决策树、朴素贝叶斯分类、K-临近算法等。

无监督学习在无标签的数据集中学习并建模,能够解决的典型问题是"聚类",即把相似度高的对象放在一起,做到"物以类聚,人以群分"。典型算法包括:主成分分析、独立成分分析、Apriori算法、奇异值分解、K-均值聚类算法等。

第5章 智能制造的关键共性技术

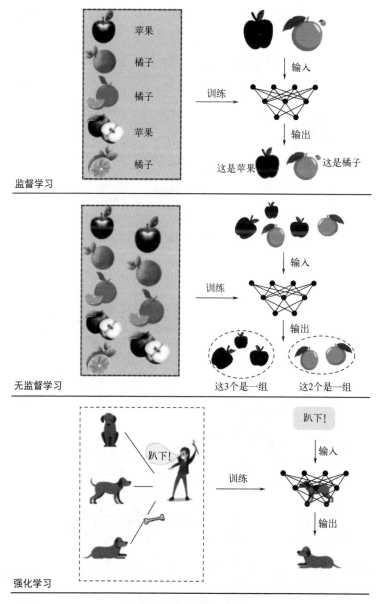

图5-44 机器学习的不同方式

强化学习关注行为,通过给予"报酬"使系统做得更好,报酬包括对成功的奖励和对失败的惩罚,跟行为与环境和目标有关系,可以完成的典型问题是路径规划和棋盘博弈。典型算法包括:Q 学习、蒙特卡罗树搜索、时间差学习、Actor-Critic 算法等。

5.5.3 深度学习

深度学习是机器学习的一种。2016 年,AlphaGo 击败了当时的围棋第一人李世石,震惊世界,AlphaGo 采用的算法——深度学习成为机器学习领域的霸主,以至于提到人工智能首先想到的就是深度学习。深度学习是一种多层的人工神经网络模型,而人工神经网络以人脑神经网络为技术原型(图 5-45)。

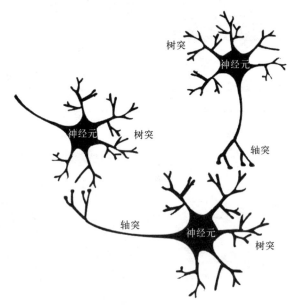

图5-45 人脑神经网络示意图

人脑的思维功能定位在大脑皮层，其中含有大约 140 亿个神经元，如图 5-45 所示，神经元分为细胞体和突起两部分，细胞体具有联络和整合输入信息并传出信息的作用。突起有树突和轴突两种：树突呈树枝状，长度短而分支多，接收其他神经元轴突传来的冲动并传给细胞体；轴突为粗细均匀的细长突起，长度长而分支少，末端形成树枝样的神经末梢，轴突接受外来刺激，再由细胞体传出。每个神经元又通过神经突触与大约 100 个其他神经元相连，形成一个高度复杂、高度灵活的动态网络。神经网络的一个重要特性是它能够从环境中学习，并把学习的结果分布存储于网络的突触连接中。当我们看到图 5-46 中的图片时，神经网络通过层层的信息传递和抽象，认出这是数字"3"，虽然它模糊并且形状各异。对计算机来说，做出这种识别是很困难的。

图5-46　形状各异的手写体数字3

下面以多层感知机为例说明深度学习的工作机制。目标是让计算机识别 16 像素 ×16 像素的手写数字。那么，怎样模仿人脑神经网络建立一个人工神经网络呢？

首先，要有神经元，一个神经元就像是一个用来装数字的容器，如图 5-47，神经元中的数字代表对应像素的灰度值（黑色为 0.0，白色为 1.0，灰色位于 0.0～1.0 之间），这个数字即"激活值"。把图片中所有的激活值按顺序排列就可以作为神经网络的第一层，如图 5-48。最后一层是十个神经元，分别代表 0～9 这十个数字。它们的激活值也是从 0 到 1 的数字，表示系统认为输入的手写数字对应着 0～9 的可能性。

图5-47 人工神经网络的神经元

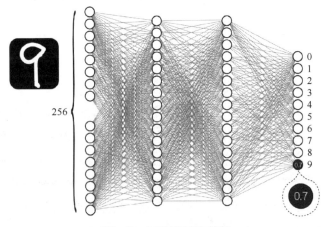

图5-48 人工神经网络示意图

网络中间还有若干层的"隐藏层",进行数字识别的具体处理工作。本例的隐藏层为两层,每层包含 16 个神经元,不同的应用会根据情况选择不同的层数和每层神经元数。神经网络运作的时候,上一层的激活值决定下一层的激活值,神经网络处理信息的核心问题正是上一层的激活值通过怎样的运算得到下一层的激活值。隐藏层对输入图片进行处理,形成自己的抽象图像(图 5-49)。

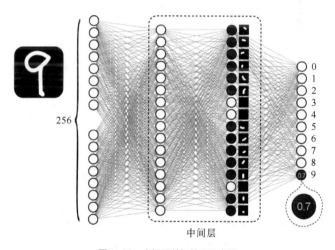

图5-49 中间层数据处理示意图

神经元之间的关联强度以边权重表示。一开始,所有的边权重(edge weight)都是随机分配的。对于所有训练数据集中地输入,人工神经网络都被激活,并且观察其输出。这些输出会和我们已知的、期望的输出进行比较,误差会"传播"回上一层。该误差会被标注,权重也会被相应地"调整"。该流程重复,直到输出误差低于制定的标准。神经网络被训练好之后,就可以识别数字了,当然要针对所有的十个数字都进行训练,而且每个数字都要进行多样本训练。

人工神经网络最初的研究就是以上述手写数字的识别为目标的,后来随着技术的发展,特别是进入 21 世纪之后,以人工神经网络为基础理论的深度学习逐渐被应用于其他领域。在智能制造领域这一方法被应用到加工工艺参数的优化,下面介绍一个案例[4]。

加工工艺参数直接影响零件的加工质量和效率,也能影响机床和刀具等设备的寿命。充分利用数控加工过程产生的加工数据,建立机床的工艺系统响应模型,可对加工工艺参数实现优化。用于加工工艺参数优化的深度学习模型如图 5-50 所示。

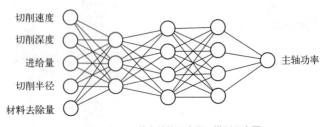

图5-50 加工工艺参数的深度学习模型示意图

该模型以切削速度、切削深度、进给量、切削半径和材料去除量作为输入,输出为主轴功率。为了训练这个模型,需要记录加工状态下的数据,从主轴功率中分离出稳态数据作为神经网络的训练样本。经过一定量的训练后,模型可用于为零件加工提供一个指导性的参数组合,这一组合有利于达到较高的加工质量、较低的加工时间,并能够把设备损耗降为较低的水平。

小结

本章介绍了传感器、物联网、大数据、云计算、人工智能这些关键共性技术。传感器是物理对象进入数字世界的起点,就像我们人类的感觉器官,感觉信号通过网络汇集到大脑,大脑分析处理之后再通过执行器控制肢体的运动。然而大脑正确处理信息并不是天生的,所以需要收集大量数据,为大脑的学习准备学习资料。云计算相当于为我们提供了大的脑容量,人工智能则模拟人脑神经系统的工作机制。

参考文献

[1] 许博玮,马志勇,李悦. 多传感器信息融合技术在环境感知中的研究进展及应用[J]. 计算机测量与控制, 2022, 30(9): 1-7.
[2] 迈尔-舍恩伯格,库克耶. 大数据时代: 生活、工作与思维的大变革[M]. 盛杨燕,周涛,译. 杭州: 浙江人民出版社, 2012.
[3] 刘黎明,王昭顺. 云计算时代: 本质、技术、创新、战略[M]. 北京: 电子工业出版社, 2014.
[4] 陈吉红,胡鹏程,周会成,等. 走向智能机床[J]. 工程(英文), 2019, 5(4).

第6章 智能制造的信息安全

- 6.1 智能制造系统的安全需求
- 6.2 访问控制模型简介
- 6.3 智能制造系统数据访问架构
- 6.4 智能制造系统的访问控制需求
- 6.5 访问控制的实施

第6章 智能制造的信息安全

智能制造系统可认为是信息物理系统（CPS）与物联网（IoT）的融合，其中包含大量各式各样的对象，比如传感器、执行器、路由器等，它们通过网络互相连接，大量的数据在其中传递和存储，保证安全性是系统应用的基础。

随着物联网的推广实施，数据安全事件发生频率快速增加。2015年，两名美国黑客控制了一辆在高速路上行驶的克莱斯勒汽车，黑客通过车辆娱乐设备的虚假身份控制了车辆的刹车和发动机，克莱斯勒因此召回了140万辆汽车[1]；2022年12月，黑客以泄露数据为威胁，向蔚来汽车勒索225万美元等额比特币[2]；2023年，日本丰田公司云平台配置错误，导致超过200万车主蒙受信息泄露风险[3]。

保证智能制造系统的信息安全（图6-1），就是要防止对系统资源、数据、功能等未经授权的使用、误用，以及未经授权的修改或者拒绝使用，确保信息的机密性、完整性、可用性和不可否认性，并保证信息的可靠性和可控性。信息安全大致可概括为下面三个方面：

图6-1 智能制造系统的安全需求

✓ 保护系统的信息和功能不受破坏；
✓ 保证系统不存在可能遭受攻击的脆弱环节；
✓ 让授权用户根据自己的权限使用相应的资源或功能。

本节首先介绍智能制造系统的数据访问架构，然后简单介绍网络系统可能存在的安全风险，最后着重讨论访问控制技术。

6.1 智能制造系统的安全需求

6.1.1 典型安全威胁

（1）窃听

窃听（图6-2）是通过监视传输的信息来寻找感兴趣的内容。比较常见的是窃听用户的"账号和密码"，黑客通过"嗅探器"获取用户发送的数据包，从中分析出"username"和"password"的信息，然后就能够登录用户在相应网站平台的空间，取得或者篡改用户的数据。

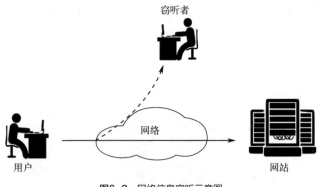

图6-2 网络信息窃听示意图

（2）假冒

假冒（图6-3）是试图以另一个人或者另一个系统的面目出现，目的是获得系统资源或者服务的访问权。比较常见的是假冒合法用户，伪造信息内容。现在很多诈骗网站也会假冒其他系统，发布假信息，骗取群众钱财。

第6章 智能制造的信息安全

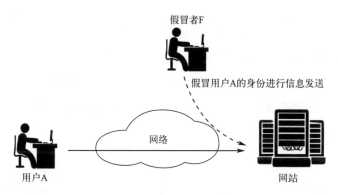

图6-3 网络系统中假冒身份示意图

（3）篡改

篡改（图6-4）又称为中间人攻击，是指攻击者试图在客户端和服务器之间插入自己的计算机，扮演成客户端和服务器之间的代理，来窃取和篡改通信的数据。篡改者（非授权用户）用各种手段修改通信内容，使信息完整性受到破坏，例如对数据进行增加、修改、删除或重新排序；或者改变数据文件使程序不能正确执行。

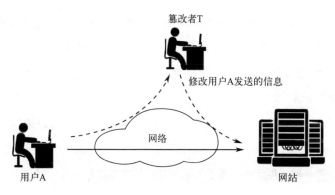

图6-4 网络中篡改信息示意图

（4）重放

重放（图6-5）是攻击者利用网络监听或者其他方式盗取认证凭据，在另一时间重新发送，达到欺骗系统的目的，主要用于身份认证过程，破坏认证的正确性。这种攻击会不断地恶意或欺诈性地重复一个有效的数据传输，主要危害在于本该属于自己的数据包，被修改消息去向或多次执行。

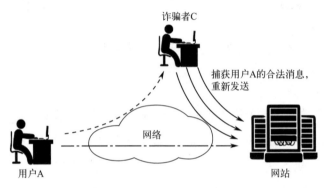

图6-5 消息重放攻击示意图

（5）中断

中断（图6-6）是攻击者通过各种手段使合法用户无法正常使用资源或严重降低服务速度。例如耗尽系统的带宽、CPU计算能力或内存等资源，使合法用户的访问被限制或者被拒绝。

（6）否认

否认（图6-7）曾经发生过的真实事件，也就是抵赖，是来自系统合法用户的威胁。例如，用户不承认对数据的不当修改，或者不承认已经收到货款。现实生活中，重要的事情都要签字或者按手印，就是为了防止抵赖。

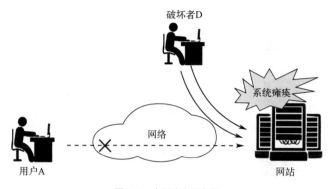

图6-6 中断攻击示意图

图6-7 网络行为的否认示意图

6.1.2 基本安全需求

为了保证信息安全,网络环境中数据传输和数据存储要达到机密性、完整性、真实性、不可抵赖性和可控性等要求,如图6-8所示。

6.1.3 网络系统的安全服务

为了保证信息的安全性,国际标准化组织在网络安全体系设计标准(ISO 7498-2)中定义了五个安全服务:身份认证服务、数据保密服务、数据完整性服务、不可否认服务和访问控制服务。

机密性
确保信息在传输过程或者存储状态下，不暴露给未授权的实体或者进程，不被非法利用。要防止泄密。

完整性
要求信息在传输过程或者存储状态中，保持不被修改、不被破坏和不丢失。要防止篡改。

真实性
保证数据是可信的，能够确定用户或者实体就是其所声称的身份，而不是假冒的。要防止假冒身份。

不可抵赖性
信息交互过程中，信息的发送者无法否认已发出的信息，信息的接收者无法否认已经接收的信息。要防止抵赖。

可用性
信息和服务可被合法用户访问并按要求的特性使用而不遭到拒绝。要防止中断攻击。

可控性
对内容访问和信息传播有控制能力，即对信息系统实施访问控制。要防止非授权访问。

图6-8　信息安全的基本要求

各安全保护环节所发挥的作用如图6-9所示。用户首先需要向系统提供有效的身份证明，才能使用信息系统提供的资源。合法用户向系统发送的访问请求需要进行信息摘要、数字签名和加密等处理之后，才能安全、准确地传输到信息系统。随后，系统根据用户的访问权限确定用户的访问是否合法，如果合法，则执行用户的请求，否则，拒绝用户的访问请求。

（1）身份认证服务

身份认证是指计算机及网络系统确认操作者身份的过程，用于解决访问者的物理身份与数字身份的一致性问题，是保障信息安全的第一道关卡。

第6章 智能制造的信息安全

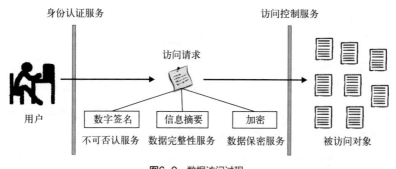

图6-9 数据访问过程

身份认证的目的是为其他信息处理环节(如访问控制服务和不可否认服务)提供相关的鉴别依据[4]。

(2)数据保密服务

数据保密服务确保敏感信息不被非法者获取,计算机密码学可以解决这个问题。消息加密后再发送,只有合法的接收者才能解密,最终看到消息的原文[5]。对于敏感消息,发送方将明文通过加密算法转换为密文,获得密文的接收方通过解密算法将密文转换为明文。

(3)数据完整性服务

数据完整性服务保证数据从发送方到接收方的传输过程不被篡改,或者让接收方及时发现数据被篡改。如果数据未被篡改则称数据是完整的,否则数据就失去了完整性。数据完整性服务主要通过信息摘要技术实现,目前较为常用的是MD5信息摘要算法[6]。

(4)不可否认服务

不可否认服务确保任何发生的交互操作都可以被证实,即所谓的不可抵赖。例如,用户修改了某零件的制造材料信息,如果因此发生经济损失,用户不承认是自己修改的,则无法追责。采用数字签名技术[7]可达到不可否认的目的。

（5）访问控制服务

访问控制服务的目标是保证只有在获得相应权限的条件下，才能进行权限允许的数据访问。访问控制包含两个方面的含义：一方面，如果用户进行权限允许范围内的访问，那么，系统应正确执行用户的请求，用户应获得访问结果；另一方面，如果用户进行权限允许范围之外的访问，那么，系统拒绝执行用户的访问，用户无法获得访问结果。访问控制是计算机安全措施中极其重要的一环，可以把访问控制看作计算机安全的"核心环节"[8]。它在身份验证的基础上，根据预先制订的访问控制策略判断用户对数据资源访问（读、写等）的合法性。访问控制策略较为直观的描述方式是访问控制矩阵，如表6-1所示，当用户1读取数据资源1、2时，是合法的访问，系统允许这种访问；当用户1读取数据资源3时，是非法的访问，系统拒绝这种访问；对于数据资源3（可执行程序），只有用户3能够执行，用户1和用户2不能执行。现代信息系统中占统治地位的访问控制方式是基于角色的访问控制，一个角色实质上是权限的集合，用户通过所分配的角色来获得权限。

表6-1 访问控制矩阵表

用户	数据资源1	数据资源2	数据资源3
用户1	读	读	
用户2	读	读，写	
用户3		读	执行

6.2 访问控制模型简介

与安全保护的其他环节相比，访问控制需要处理的是系统级的安全问题，需要综合考虑系统中用户的资质和数据资源的敏感性。而其他环节则针对具体的对象（字符串），身份验证服务和不可否认服务针对具体用户的身份信息，数据保密服务和数据完整性服务针对具体的消息内容，因此，身份验证服务、数据保密服务、数据完整性服务和不可否认服务具有普适性的特点。而访问控制与具体的系统要求紧密相关，不同的应用环境对访问控制有不同的需求。例如，军方信息管理系统要求官兵能够获得的军事信息必须与其自身的密级相匹配，而计算机操作系统的用户能够访问的文件取决于文件所有者的意愿。

访问控制的基本元素包括：客体、主体、操作、权限和控制策略。

- 客体（object）：是指受访问控制机制保护的系统资源，是包含信息的被动实体，一般指用户的访问对象，如数据、文件等。
- 主体（subject）：是指访问请求的发起者，是造成客体信息流动或改变的主动实体，在信息系统中一般指用户。
- 操作（operation）：是由主体激发的、对客体产生某种作用效果的动作类型，如读取、编辑、删除等。
- 权限（permission）：是在受系统保护的客体上执行某一操作的许可，权限是客体与操作的联合，两个不同客体上的相同操作代表着两个不同的权限，单个客体上的两个不同操作代表两个不同的权限。
- 控制策略（access control policy）：是主体对客体的访问规则集，描述了在何种情形下，哪些主体可以对哪些客体执行哪些操作，是访问控制中的核心元素，决定了用户的权限。

访问控制需要统筹考虑软件系统的所有主体和客体的属性，根据访问控制策略授予主体合理的访问权限，并根据用户权限配置对访问作出合法性决策，保证所有的访问都是合法的。

6.2.1 自主访问控制

自主访问控制（discretionary access control，DAC）出现于 20 世纪 70 年代，是针对多用户大型主机系统的访问控制需求而提出的。其核心思想是，数据资源的拥有者完全掌握对它的访问权限，"自主"意味着客体拥有者可根据自身的意愿向其他用户授予或收回对该客体的访问权限，如图 6-10 所示。其实现方法一般是建立系统的访问控制矩阵，矩阵的行对应访问主体，矩阵的列对应访问客体，矩阵的元素对应访问权限。

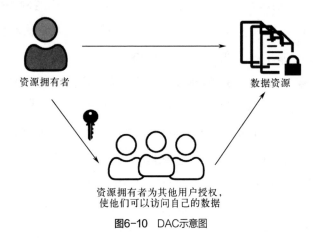

图6-10　DAC示意图

DAC 具有很高的灵活性，它可以让人们不受限制地访问他们所拥有的资产。不过，它的安全性也较低，因为相关任务会获取安全设置，并允许恶意软件在终端不知情的情况下对其进行操作。

6.2.2 强制访问控制

强制访问控制（mandatory access control，MAC）最早针对信息保密性提出，其核心思想是，系统依靠预先定义的访问控制规则确定主体对客体的操作是否合法。具体做法是，分别为主、客体定义安全标签，通过安全标签的匹配关系定义访问控制规则，即主体只能访问与之安全级别匹配的客体，如图 6-11 所示。由于主体必须遵守预先定义的控制规则，因此，这种访问控制被称为强制访问控制。强制访问控制包括两种侧重点不同的模型：BLP 模型[9]和 Biba 模型[10]。

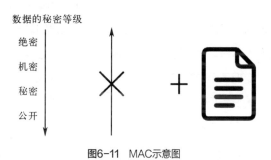

图6-11　MAC示意图

1973 年，Bell 和 la Padula 提出的基于安全标签的访问控制模型被称为 BLP 模型，该模型中，主体和客体的安全级别形成了一个具有偏序关系的安全网格，包含两个基本的访问控制规则："不上读"与"不下写"。不上读，即只有主体的安全级别不低于客体的安全级别时，才允许主体对客体进行读操作；不下写，即只有主体的安全级别不高于客体的安全级别时，才允许主体对客体进行写操作。BLP 模型得到了严格的安全性证明，能够防止木马病毒的攻击造成的泄密问题。

1977 年，Biba 从保护数据完整性角度出发，提出了 Biba 模型，该模型沿用 BLP 模型的做法，以具有偏序关系的安全级别形成的安全网格为基础制订访问控制规则，与 BLP 模型不同，Biba 模型的两个基本访问控制规则为："不下读"和"不上写"。

BLP 模型能够有效地防止具有较高安全级别的人员向下级人员泄露秘

密，Biba 模型能够有效地保证数据的完整性。但是，MAC 模型依靠安全级别偏序关系制订的访问控制策略过于单一，并且难以扩展，所以一般仅用于具有明确级别偏序关系的领域，例如军队。

6.2.3 基于角色的访问控制

基于角色的访问控制（role-based access control，RBAC，图 6-12）的基本思想是通过引入"角色"这一中介建立用户和权限的联系，权限直接指派给角色而不是用户，角色可以指派给用户，用户通过其角色获得对客体的操作权限，实现了用户与权限的逻辑分离。由于 RBAC 可以大幅简化安全策略管理，因此得到了众多学者和企业的关注，在多个领域得到应用，目前已经成为访问控制领域最受关注的模型[11]。

RBAC 标准模型如图 6-12 所示，该模型包括三个核心元素：用户集、

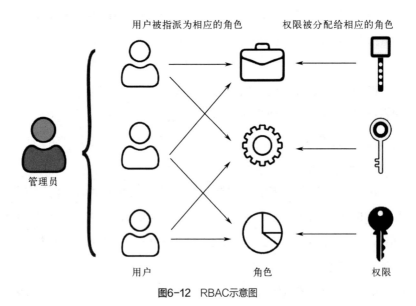

图6-12　RBAC示意图

角色集和权限集。用户角色配置关系是用户与角色之间的多对多关系，一个用户可以拥有多个角色，一个角色也可以被指派给多个用户。角色权限配置关系表示角色与权限之间的多对多关系，一个角色可以包含多种权限，一个权限也可以被分配给多个角色。会话由用户创建，在一个会话中，用户可以激活他所拥有的一部分角色。角色继承表示角色之间存在偏序关系，上层角色拥有其下层角色的所有权限。约束可以作用于模型中的所有元素和关系，可以描述实际应用中的多种安全策略，例如职责分离约束、基数约束和前提约束等。

RBAC 是一种策略中性的访问控制模型，不同的应用系统可通过适合自身的访问控制架构实现不同的访问控制策略，包括 DAC 和 MAC。RBAC 标准模型是一个高度抽象和通用的访问控制模型，它只包含与安全问题相关的元素，不同的应用和研究可以在其中增加与自身需求相适应的元素。RBAC 标准模型只为访问控制的实施提供一个基础框架，并不直接指导访问控制系统的具体实施。

6.2.4 基于属性的访问控制

基于属性的访问控制（attributes-based access control，ABAC）的核心思想是以属性（组）作为授权的基础，通过定义属性之间的匹配关系表达复杂的授权和访问控制策略与约束。属性可以从不同的视角描述实体，能够表达细粒度、动态的控制策略，从而增强访问控制系统的灵活性和可扩展性。ABAC 能够解决复杂信息系统中的细粒度访问控制和大规模用户动态扩展问题[12]，其突出优点是具备强大的表达能力[13-14]。

在 ABAC 系统中（图 6-13），可以用多种特征描述用户的状态，比如，用户是董事长还是会计。特定资源的访问规则可以选择用可扩展访问控制标记语言（XACML）来编写，说明根据客户的特征应允许其访问的权限。

ABAC 在安全性和效率之间做出了权衡,在追求效率时,访问规则可以采用较粗的粒度,在追求安全时,可以制订非常细化的规则,以便为资产提供理想的安全级别和权限。

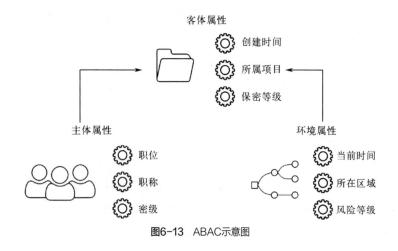

图6-13　ABAC示意图

6.2.5　基于权能的访问控制

在物联网场景下,基于权能的访问控制(capability-based access control,CapBAC)被认为是最具潜能的一种方案。权能是一种可交流、不可伪造的授权标记,类似于钥匙(但要有防止复制的方法),如图 6-14 所示,Bob 可以把自己的房子钥匙授权给 Dave,那么 Dave 就拥有了打开 Bob 房子的权能。在数据访问领域,这种权能就是对某个数据资源的读/写能力。

权能通常是以专用数据结构实现的,是一种唯一标识,包含指定访问权限和要访问的对象。用户在访问数据时,需要具备相应的权能,验证权能的方式有两种:一种是集中式的,所有人的权能集中存储,系统自动检测用户是否拥有匹配的权能;一种是分布式的,用户在访问数据时,要向系统提供自己的权能令牌,系统只负责验证令牌的合法性。

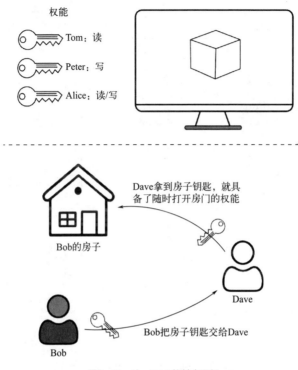

图6-14 CapBAC的基本思想

目前存在的问题是用户的权能令牌信息是明文传输的，存在用户权限隐私泄露的问题，同时访问请求决策由物联网设备进行，采用了非对称加密算法，导致整体访问请求响应时间较长。

6.3 智能制造系统数据访问架构

智能制造系统的架构如图 6-15 所示，包括物理对象层、虚拟对象层、服务层和应用层[15]。各层之间及其内部对象之间存在复杂的数据交互。

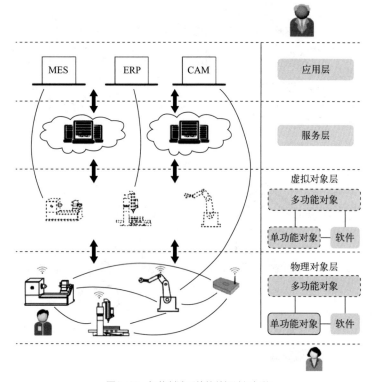

图6-15 智能制造系统的数据访问架构

（1）物理对象层

物理对象层包括各种设备，如机床、工业机器人、路由器等。这些设备上的传感器采集设备和生产环境中的数据传递到上层以供分析，同时，设备也要从上层结构获得信息，作为调整动作的依据。并且这些数据会在各个设备间传递和共享，从而保证设备间的协同工作。

一方面，工作人员需要直接操作设备，比如按下电源开关、更换故障元件等。另一方面，工作人员也需要关注设备的工作状态，比如可以通过无线终端（手机、平板）查看，因此，在物理对象层设备和人员之间存在信息交互。当然设备之间也需要进行信息交互，这就需要使用无线通信技术，比如蓝牙、ZigBee等。需要特别提到的是，物理设备需要与其对应的虚拟对象（数字孪生体）进行信息交互，以保证虚拟对象即时反应物理对象的状态，这是智能制造在生产端的核心理念。

这些与物理设备进行的信息交互都需要进行安全保护，比如，要对访问者进行身份认证。这些安全验证需要分析身份信息、做出访问决策，因此需要一定的算力。但是生产设备一般只具备基础算力和有限的存储空间，访问控制决策对于这些设备来说是一个沉重的负担，甚至影响生产设备对指令的实时响应。为了解决这一问题，生产线附件往往设置"边缘计算"，用于处理超出基本生产能力之外的计算任务，于是，在智能制造系统中也要考虑引入边缘计算或者云计算服务时的信息访问控制要求。

（2）虚拟对象层

虚拟对象的首要任务是反映物理对象的状态，在正常连接状态下，完成这一任务是没有问题的。但是物理设备肯定存在断电、断网这种异常情况，发生这种问题时，虚拟对象也能够提供物理对象最近的状态信息，也可能给出预测状态。

虚拟对象的另一任务是解决物理对象与其他管理层的信息交互。因为生产现场的设备品种多样，由不同的厂商提供，可能采用不同接口，也可能采用不同的协议，所以，管理层监控与所有这些设备的通信是一个难题。虚拟对象可以在模拟物理对象功能的同时，以相同的接口或协议与管理层通信，可以作为物理对象与管理层通信的中转站。

为了完成对生产线的统计管理和调度，虚拟对象之间必然需要信息交互，所以在虚拟对象、物理对象之间存在着广泛的多对多交互关系。

（3）服务层

服务层负责存储和处理来自生产现场的海量数据。服务层通过分析和处理这些数据为企业决策者提供翔实的决策依据。由于需要巨大的存储空间和很强的处理算力，因此这些服务需要通过不同的云服务平台提供。由于云服务的开放性，因此无论是数据的传输过程还是静态的存储数据都需要得到严格的安全防护。例如，常用的云服务架构Hadoop，提供了比较完善的访问控制机制[16-17]，以保护数字资源的机密性和完整性。

（4）应用层

在智能制造框架的最上层是应用层。应用层是由各种功能的软件组成的，即经常提到的APP。这一层的各种应用能够获得服务层的数据分析结果，并以友好的界面展现给用户，另外，用户也可以通过这些应用与对象层进行信息交互。例如，企业的决策者可以通过相应的应用软件获得企业的运行数据，根据这些数据所形成的决策又要及时下发到生产一线，从而调整生产状态。普通操作者也可以通过相应的应用软件远程控制生产设备，比如关闭生产车间的照明灯，或者调整工业机器人的运行程序。应用程序从云服务中获得数据、决策者调整生产状态、操作员远程对生产线发送控制指令，所有这些都需要得到安全保护，否则后果不堪设想。

6.4 智能制造系统的访问控制需求

目前虽然针对物联网的访问控制已经进行了大量的研究，但是智能制造系统是物联网和CPS的综合应用，存在很多不同于一般物联网的特点，存在不同的安全威胁。本节讨论智能制造系统的访问控制需求，如图6-16所示。

（1）物理对象层的安全问题

物理对象层的核心是传感器，不断采集设备和环境状态参数，比如设备振动、设备电流、环境温度、环境湿度、环境噪声等。另外，还有大量的执行器，比如机床、工业机器人、路由器等。物理设备存在的一个明显

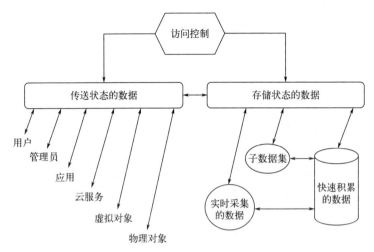

图6-16 智能制造系统的访问控制需求

的安全威胁是被替换为恶意元件,或者被注入恶意代码,攻击者借由恶意元件或恶意代码能够获得生产系统的数据或者执行错误的动作。在生产系统中的设备往往仅具备有限的算力和存储空间,为了弥补这一弱点,一般需要借助外围的计算资源,攻击者有机会通过这种开放性窃听传输过程中的信息。物理对象层中存在的各种数据访问关系如图 6-17 所示。

(2)服务层的安全问题

服务层提供数据库连接、信息处理、自动决策等服务,一般分布在云端。在智能制造系统中,虚拟对象与服务层存在频繁的数据交互,其中存在的问题包括:虚拟对象怎样获得访问各种服务的权限?虚拟对象之间相互访问时,怎样获得和验证访问权限?虚拟对象与云服务能够直接通信吗,需要哪些条件或者要满足哪些约束?不同的云服务之间能够共享数据吗?应用端能够通过各种云服务访问虚拟对象吗?要解决这些问题,就需要设置合理的访问控制策略。

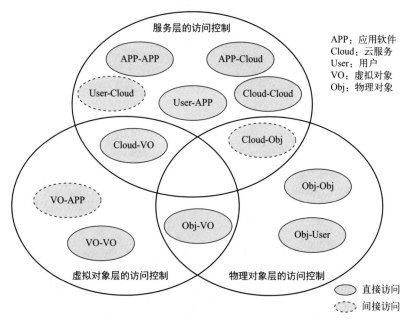

图6-17 智能制造系统中的访问关系

（3）应用层的安全问题

应用层是为用户提供经过处理的数据，这些数据以图表形式展现给用户，便于用户了解生产系统以及产品的状态，在数据驱动下完成更加精准的决策。由于用户直接参与应用的数据交互，因此其中的一个重要安全隐患是攻击者可能窃取重要的商业数据和个人隐私数据。例如，攻击者可以通过钓鱼软件偷窥系统的信息传输。另外，黑客还可能通过应用软件实施访问控制攻击、恶意代码注入攻击和重组攻击等。因此，应用层采用严格的安全协议，采用正确的安全技术实施数据加密、数据隔离、身份认证和隐私管理。

6.5 访问控制的实施

6.5.1 发布-订阅模式

发布-订阅是一种消息范式,消息的发布者(数据源)不会将消息直接发送给特定的订阅者(数据的接收者),而是将发布的消息分为不同的主题(消息类别),这些主题由"代理"管理,订阅者可以订阅与自己相关的主题,只接收相关的消息,如图6-18所示。这是一种松耦合的机制,消息的发布者不需要知道订阅者,订阅者也不必知道发布者是谁,所以这种机制非常适合分布式的大规模应用系统。

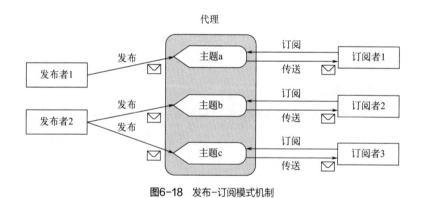

图6-18 发布-订阅模式机制

在发布-订阅模式中,消息的发布者或订阅者可以是应用软件、智能设备、智能设备的虚拟对象和云服务等。消息的类型可以是字符串、文本、音频、视频或者其他复杂对象类型。

发布-订阅模式有两种主要实现形式:基于主题和基于内容。在基于主题的实现中,发布者定义其消息的主题,并把消息发布到主题上,订阅者将收到其订阅的主题上的所有消息,并且所有订阅同一主题的订阅者将接收到同样的消息；在基于内容的实现中，订阅者定义其感兴趣的或者工作相关的消息，只有当消息的属性或内容满足订阅者定义的条件时，消息才会被投递到该订阅者。订阅者需要设置筛选条件，筛选条件一般为使用操作符（=，>，<）的表达式。

发布-订阅模式采用 MQTT（message queuing telemetry transport）协议[18]，该协议的特点是轻量、简单、开放和易于实现，这些特点使其适用范围非常广泛，比如机器与机器（M2M）通信和物联网（IoT）。

- 轻量：物联网设备通常在处理能力、内存和能耗方面受到限制。MQTT的开销最小、数据包体积小，因此非常适合这些设备，因为它消耗的资源更少，即使功能有限也能实现高效通信。

- 可靠：物联网网络可能会出现高延迟或连接不稳定的情况。MQTT支持不同的QoS（Quality of Service，服务质量）级别、会话感知和持久连接，即使在严苛的条件下也能确保可靠的消息传递，因此非常适合物联网应用。

- 安全：物联网网络通常传输敏感数据，因此安全性至关重要。MQTT支持传输层安全（TLS）和安全套接字层（SSL）加密，确保数据在传输过程中的保密性。此外，它还通过用户名/密码凭证或客户端证书提供身份验证和授权机制，保障对网络及其资源的访问。

- 双向通信：MQTT的发布-订阅模式允许设备之间进行无缝双向通信。客户端既可以向主题发布消息，也可以订阅接收特定主题的消息，从而在不同的物联网生态系统中实现有效的数据交换，而无须在设备之间进行直接耦合。这种模式还简化了新设备的集成，确保了可扩展性。

- 稳定：MQTT允许客户端与代理保持有状态会话，系统即使在断开连接后也能记住订阅和未发送的信息。客户端还可以在连接过程中指定保持连接的时间，以提示代理定期检查连接状态。如果连接中断，代理会存储未交付的信息（取决于QoS级别），并尝试在客户端重新连接时交付这些信息。这一功能确保了通信的可靠性，并降低了因不稳定的连接而导致数据丢失的风险。

- 支持大规模网络：物联网系统通常涉及大量设备，因此需要一种能够处理大规模部署的协议。MQTT重量轻、带宽消耗低、资源利用效率高，非常适合大规模物联网应用。发布-订阅模式使MQTT能够有效扩展，因为它将发送方和接收方分离开来，减少了网络流量和资源使用。该协议支持不同的QoS级别，可根据应用程序的要求定制消息传递，确保在各种情况下实现最佳性能。
- 支持多种编程语言：物联网系统通常包括使用各种编程语言开发的设备和应用程序。MQTT广泛的语言支持使其能够与多种平台和技术轻松集成，从而促进不同物联网生态系统的无缝通信和互操作性。例如，可以在PHP、Node.js、Python等编程语言中使用MQTT。

6.5.2　谷歌云平台的访问控制

全球知名的谷歌云服务在长期实践的基础上经过理论总结形成了谷歌云平台访问控制模型（Google Cloud Platform Access Control，GCPAC）[19]，如图6-19所示，该模型描述了单项目场景下的访问控制结构。

GCPAC的要素包括：组织（organizations，Org）、项目（projects，P）、用户（user，U）、用户组（group，G）、角色（roles，R）、服务（services，S）、客体类型（object types，OT）、客体（objects，OB）、操作（operations，OP）。

组织（Org）和项目（P）：在谷歌云平台中，云资源采用分层结构并由资源管理器管理。组织（Org）是资源的根节点，也是项目（P）的上级节点，它能够概览所有项目以及项目所属的资源，因此，组织与项目的关系是"一对多"，即一个组织可以运行多个项目，但是一个项目只能隶属于一个组织，组织与项目的指派关系在图 6-19 中描述为 PO（project ownership）。与项目相关的用户（U）或者用户群组（G）自动与项目产生关联；所有的云资源都会与一个特定的项目关联，包括服务（S）、服务所关联的客体类型（OT）、客体（OB）。

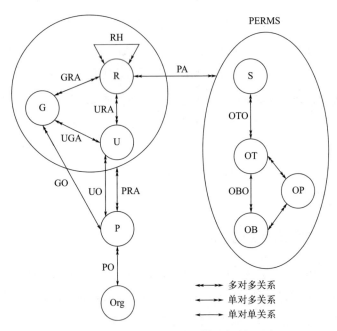

图6-19 谷歌云平台的访问控制模型（GCPAC）

R—角色；G—用户组；U—用户；P—项目；Org—组织；RH—角色继承；GRA—角色指派给用户组；URA—角色指派给用户；UGA—用户与用户组的指派关系；GO—用户组与项目的匹配关系；UO—用户与项目的匹配关系；PRA—项目与角色的匹配关系；PO—企业与项目的匹配关系；PA—角色权限分配；S—服务；OT—客体类型；OB—客体；OP—操作；OTO—客体类型与服务的匹配关系；OBO—客体与客体类型的匹配关系；PERMS—权限集

用户（U）和用户组（G）：在谷歌云平台中，用户可以访问各种云服务。用户可通过谷歌邮箱账号表明自己的身份，比如，user-zhangsan@gmail.com，也可以通过云服务账号表明身份，比如，service-20240220@gcp-cloudiot.gserviceaccount.com。谷歌云平台的用户管理系统支持云服务与用户的关联，使用户可以同时使用多个服务。在一个项目中，包含多个用户或者用户组，用户组包含多个具有相同权限的用户，用户与用户组的指派关系在图 6-19 中被表达为 UGA（user-group assignment）。采用用户组改善了系统管理员的操作便利性，系统管理员可以批量为用户授权，或者更新他们的权限。

角色（R）：角色是一部分权限的集合，这些权限被记录在系统的策略文件中。角色可以指派给用户（user-role assignment，URA），也可以指派给用户组（group-role assignment，GRA）。角色一旦指派给用户/用户组，用户即拥有了角色所包含的权限。谷歌云平台包含三种角色：基础角色、重设角色和定制角色。基础角色可以指定到项目，分别为资源拥有者、编辑者和浏览者。重设角色为云服务中特定资源设置了更加细致的权限，比如某记录的特定字段，而不是整条记录。基础角色和重设角色是固定的，为了增加访问控制的灵活性，谷歌云平台增加了定制角色，用户可以与多个角色关联，但是不同项目中用户的角色可能不同，能够执行的访问权限还会受到时间、地点等条件的限制，例如：resource.name.startsWith（"projects/develop001/buckets/bucket-001"）表示用户只能访问以资源名"projects/develop001/buckets/bucket-001"作为开头的资源。

服务（S）：谷歌云服务平台提供各种服务，包括计算引擎、存储空间、大数据、物联网和机器学习等。对于云服务及其所包含的数据资源的访问都受到严格的安全管理。一个云服务要涉及多种客体类型（OT），一种客体类型会涉及大量此类客体（OB）。

操作（OP）：对云服务、客体类型及其客体可执行多种操作。具体服务及其客体能够执行的操作视其特性而定。例如在计算引擎中，对实例的操作包括创建、更新和删除。同样，其他服务也有特定的操作。

角色继承（RH）：为了反映实际组织机构中上下级的权限传递关系，简化系统的管理负担，谷歌云平台采用了标准 RBAC 的角色继承概念，角色继承是角色之间的偏序关系。对于两个角色 role1 和 role2，如果 role1 是 role2 的上级角色，则 role1 拥有 role2 的全部权限。例如，在机械产品开发过程中，常用的角色包括：设计员、分析员、主任设计师和总工程师。设计员负责产品结构设计；分析员对结构设计进行仿真分析；主任设计师拥有设计员和分析员的全部权限并拥有其他权限；总工程师的权限则包括主任设计师的全部权限和其他权限。上述四个角色的继承关系如图 6-20 所示。

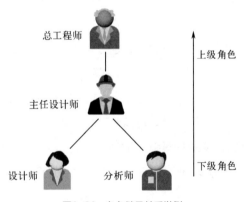

图6-20　角色继承关系举例

上述设计主要满足了云服务方面的访问控制，为了适应物联网在访问控制方面的需求，GCPAC 做出了相应的扩展，称为 GCP-IoTAC，最主要的扩展元素是 CIC 服务（Cloud IoT Core Service）。

CIC 支持安全地连接、管理和收集来自各种物联网设备的数据。CIC 服务与谷歌云平台上的其他服务相结合，为实时收集、处理和分析物联网数据提供了全面的解决方案，从而帮助提高运营效率。CIC 服务的两个基本组件是设备管理器和 MQTT/HTTP 协议桥。它们分别帮助注册设备和将设备连接到谷歌云平台。与 CIC 服务协作的其他主要服务有发布 / 订阅服务（Pub/Sub）和云功能（CF）。CF 是连接云服务的云服务器实施环境。图 6-21 中，矩形框显示了这两种服务，以表示它们在 GCP-IoTAC 中的位置和功能。在 GCP-IoTAC 中，一个云服务代理器负责处理 CIC 资源，以及向云 Pub/Sub 代理发布数据。设备遥测数据（如温度、速度等）被重定向到云 Pub/Sub 主题，并触发 CF 发送更新配置。遥测数据或设备的当前状态从设备发送到云，而设备配置信息则从云发送到设备，比如要远程打开一盏灯，则需要把"light_mode = ON"发送到对应的设备。

物联网的设备（D）并不在 GCP-IoTAC 访问控制扩展模型中。配置设备的用户在设置物联网设备时应在注册表（Rg）中形成记录，并拥有在注册表中生成虚拟设备（VD）的权限，注册表是虚拟设备的集合。在 GCP-IoTAC 中，每个物理设备都有一个虚拟设备。注册表中的虚拟设备在云中称为对象，注册表称为对象类型。虚拟设备是实际物理设备的数字表示，也可以是实体或流程，如数字空间中的应用程序。每个生成数据的虚拟设备都有一个密钥配对（CK），每个设备在连接 CIC 时还会生成一个用其私钥签名的 JSON 网络令牌（JWT）。CIC 使用设备的公钥对私钥进行验证。公钥也可以设置过期日期，但在创建自签名 X.509 证书时是可选的。

主题（topic，T）是发布 / 订阅服务（PS）传输的物联网数据的枢纽。为接收其他设备或应用程序发布的信息，可在特定主题上创建订阅以接收这些信息。远程事件数据通过云端的服务代理发布到主题上。服务代理是一个实体，其作用是允许云物联网核心和发布 / 订阅模块之间进行交互。这些服务代理允许不同服务（即 CIC、PS 和 CF）之间进行服务间交互，为了限制代理的权限，这些代理也被分配了适当的角色。当云功能服务代理在主题上发布消息时，就会触发一个函数（F）来执行特定操作（OP_{IoT}）。

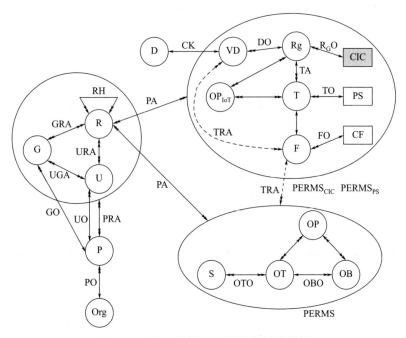

图6-21　面向IoT的谷歌云平台访问控制扩展模型

⟷ 多对多关系　⟵⟶ 单对多关系　⟷ 单对单关系　⟵--⟶ 动作

R—角色；G—用户组；U—用户；P—项目；Org—组织；RH—角色继承；GRA—角色指派给用户组；URA—角色指派给用户；UGA—用户与用户组的指派关系；GO—用户组与项目的匹配关系；UO—用户与项目的匹配关系；PRA—项目与角色的匹配关系；PO—企业与项目的匹配关系；PA—角色权限分配；S—服务；OT—客体类型；OB—客体；OP—操作；OTO—客体类型与服务的匹配关系；OBO—客体与客体类型的匹配关系；PERMS—权限集；D—物联网的设备；VD—虚拟设备；Rg—注册表；CIC—云平台物联网托管服务；OP_{IoT}—物联网操作；T—主题；PS—发布/订阅服务；F—云函数；CF—服务；CK—秘钥配对；DO—虚拟服务与服务注册者之间的匹配关系；R_GO—注册者与服务的拥有关系；TO—主题与服务的包含关系；TRA—函数、虚拟设备和云服务之间的关系；FO—云函数与服务的包含关系；$PERMS_{CIC}$—物联网服务和注册表权限集；$PERMS_{PS}$—发布/订阅服务和主题权限集物联网服务定义了特定的物联网操作。这些操作可根据物联网设备使用的通信协议（如 MQTT 或 HTTP）进行分类。对注册表的操作有连接、接收、发送命令、更新配置等；对主题的操作有发布、订阅。对于云函数（F）也有相应的触发操作。

$PERMS_{CIC}$ 是物联网服务和注册表权限集，是 CIC、注册表和物联网操作（OP_{IoT}）的交叉幂集。$PERMS_{PS}$ 是发布/订阅服务和主题权限的集合，是发布/订阅、主题和物联网操作的交叉幂集。云函数的权限通过 PS 和 CIC 配置。

谷歌云平台访问控制模型的软件实现框架如图 6-22 所示。

发布/订阅服务生成注册表时，会创建一个用于发布远程事件和数据的主题。主题分配（TA）为注册表分配一个或多个主题。所有设备都在注

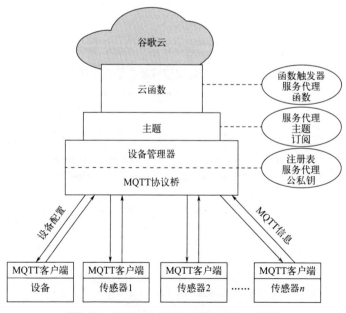

图6-22　谷歌云平台访问控制模型的软件实现框架

册表中创建,并通过这些必要的权限获得发布远程数据的权限。另外,设备交互控制由控制台提供的允许和阻止操作进行管理。向主题发布消息等事件会触发后台函数,这些函数由触发器(TRF)触发。这些函数能很好地处理少量数据,但当发布大量数据时,就需要使用云数据流服务。TRA表示函数、虚拟设备和云服务之间的多对多关系,函数触发后会产生相应的动作。

6.5.3 虚拟对象的访问控制

在智能制造系统中,一个全新的对象是虚拟对象,从物理世界的角度看它是物理对象在数字世界中的映像,从数字世界的角度,它是物理对象的控制源。存在于数字世界的虚拟对象需要完善的访问控制。本节介绍发布-订阅模式、ABAC 和 CapBAC 在虚拟对象访问控制中的应用。

如图 6-23 所示,在虚拟对象的访问控制中,核心元素是虚拟对象(VObj)和主题(Topic),虚拟对象既可以是消息的发布者,也可以是消息的接收者,但是无论消息的发布还是接收都要通过"主题"来实现,即虚拟对象发布(publish)消息时,只能发送到与消息一致的主题中;虚拟对

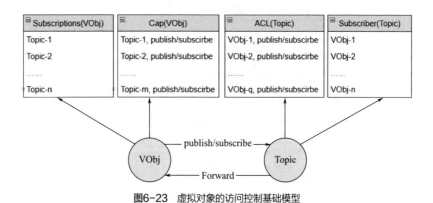

图6-23 虚拟对象的访问控制基础模型

象接收消息的过程包括两个,首先要订阅(subscribe)与自己相关的主题,"消息代理器"会把主题中的消息推送(Forward)给订阅者。

消息的发布或者接收都必须符合访问控制规则,例如,虚拟对象VObj-a 向 Topic-b 发布消息,向 Topic-c 订阅消息,其具体过程如下。

① 发布消息。需要同时满足两个条件:在表 Cap(VObj)中有注册记录(图 6-24);

图6-24 Cap(VObj)表

在表 ACL(Topic)中有注册记录(图 6-25)。

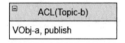

图6-25 ACL(Topic)表

任何一个条件不满足,虚拟对象VObj-a就不能向Topic-b发布消息。

② 订阅消息。需要同时满足两个条件:在表 Cap(VObj)中有注册记录(图 6-26);

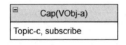

图6-26 Cap(VObj)表

在表 ACL(Topic)中有注册记录(图 6-27)。

任何一个条件不满足,虚拟对象VObj-a就不能订阅Topic-c。

图6-27　ACL（Topic）表

③ 消息推送。虚拟对象 VObj-a 订阅 Topic-c 成功之后，会自动在表 Subscriptions（VObj）和表 Subscriber（Topic）中分别产生记录（图6-28）。

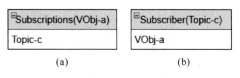

图6-28　消息推送

当Topic-c中出现新消息时，消息代理器查看这两条记录，并把消息推送给虚拟对象VObj-a。

至此，实现了对消息发送和接收的基本控制，为了增加更多的控制规则，可以采用基于属性的理念，即 ABAC。下面以增加对信息的地域控制为例，说明基于属性的访问控制的思想，如图 6-29。

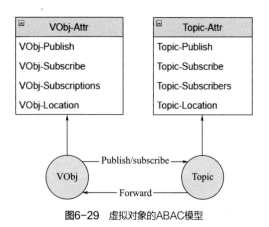

图6-29　虚拟对象的ABAC模型

虚拟对象的属性 VObj-Publish 包含该对象可以发布消息的主题集，相应地，主题的属性 Topic-Publish 包含可以向此主题发布消息的对象集；虚拟对象的属性 VObj-Subscribe 包含该对象可以订阅的主题集，而主题的属性 Topic-Subscribe 包含可以订阅主题发布消息的对象集；虚拟对象的属性 VObj-Subscription 包含该对象已经订阅的主题集，而主题的属性 Topic-Subscriber 包含已经订阅该主题的对象集。这三组属性已经满足了基础访问控制模型的全部功能。

增加的一组属性 VObj-Location 和 Topic-Location，可以增加关于地域的访问控制规则，比如，在基本规则的基础上，在发布或订阅时，还可增加

$$\text{xxx-Location}（\text{Topic}）\approx \text{VObj-Loaction}（\text{yyy}）$$

其中，"$\approx$"的含义是某种对应关系，由系统设计者或者策略管理者指定，如果需要虚拟对象和主题处于相同的区域中，则"$\approx$"可以指定为"相等"，当然，如果只要求它们处于相邻的区域，则"$\approx$"可以指定为"相邻"。当需要增加其他安全策略时，则需要设计其他合适的属性。

上面说明了虚拟对象发布或者接收消息的过程，其中的安全规则是表 ACL 和表 Cap 中的记录，但是这些记录是怎样产生的呢？这个问题属于安全规则的管理。在管理访问控制时，首先需要一个管理员（Administrator），由管理员将虚拟对象和主题的操作权限授予相关用户，这些授权用户可以指派虚拟对象和主题的操作权限，如图 6-30 所示，其中，"Own"表示用户不但可以为相应的对象配置权限，还可以把自己的管理权限委托给别的用户；"Control"则表示用户只能为相应的对象配置权限，而不能授权给别的用户。

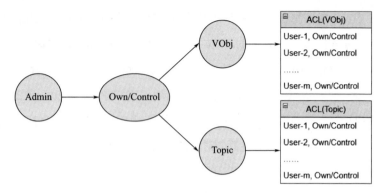

图6-30　虚拟对象的访问控制管理模型

小结

保证信息安全是发展智能制造系统的基本要求，本节介绍了网络中常见的完全威胁和安全需求。如果说身份认证、密码技术是通用的信息安全技术，则访问控制要根据系统自身的特点设计，在介绍了常见的访问控制机制之后，说明了智能制造系统的数据访问架构及其安全需求，详细说明了 ABAC 在智能制造系统中的实施方法。

参考文献

[1] Greenberg A. Hackers remotely kill a jeep on the highway—with me in it [EB/OL].(2015)[2024-3-12]. https：//www.wired.com/2015/07/ hackers-remotely-kill-jeep-highway/.

[2] 中国汽车质量网. 2022年国内十大汽车质量新闻——蔚来用户数据大面积泄露数据安全性遭受质疑[EB/OL]. (2023)[2024-3-12]. https：//www.aqsiqauto.com/newcars/info/12061.html.

[3] TOYOTA. Apology and notification of possible leakage of customer information due to misconfiguration of cloud environment [EB/OL].(2023)[2024-3-12]. https：//global.toyota/jp/newsroom/ corporate/ 391743 80. Html.

[4] 王凤英, 程震. 网络与信息安全[M]. 2版. 北京：中国铁道出版社, 2010.

[5] Kahate A. 密码学与网络安全[M]. 2版. 金名, 等, 译. 北京：清华大学出版社, 2009.

[6] 安葳鹏, 刘沛骞. 网络信息安全[M]. 北京：清华大学出版社, 2010.

[7] 陈红松. 网络安全与管理[M]. 2版. 北京：清华大学出版社, 2010.

[8] 王凤英. 访问控制原理与实践[M]. 北京：北京邮电大学出版社，2010.

[9] Bell D E，la Padula L J. Secure Computer Systems：Mathematical Foundations [R]. MITRE Technical Report 2547，1973.

[10] Biba K J. Integrity Considerations for Secure Computer Systems [R]. MITRE Technical Report 3153，1977.

[11] Fuchs L，Pernul G，Sandhu R S. Roles in Information Security-A Survey and Classification of the Research Area[J]. Computers & Security，2011，30(8)：748-769.

[12] Bonatti P，Samarati P. A uniform framework for regulating service access and information release on the web [J]. Journal of Computer Security，2002，10(3)：241-271.

[13] Han R F，Wang H X，Xiao Q，et al. A united access control model for systems in collaborative commerce [J]. Journal of Networks，2009，4(4)：279-289.

[14] Jin X，Krishnan R，Sandhu R. A Unified Attribute-Based Access Control Model Covering DAC，MAC and RBAC [C]. Proceedings of the 26th Annual IFIP WG11.3 Conference on Data and Applications Security and Privacy，2012.

[15] Alshehri A，Sandhu，R. Access control models for cloud-enabled internet of things：A proposed architecture and research agenda. In 2016 IEEE 2nd International Conference on Collaboration and Internet Computing，2016.

[16] Awaysheh F M，Alazab M，Gupta M，et al. Nextgeneration big data federation access control：A reference model[J]. Future Generation Computer Systems，2020，108：726-741.

[17] Gupta M，Abdelsalam M，Khorsandroo S，et al. Security and privacy in smart farming：Challenges and opportunities[J]. IEEE Access，2020，8：34564-34584.

[18] MQTT：The Standard for IoT Messaging[EB/OL]. [2024-02-10]. https：//mqtt.org/.

[19] Gupta D，Bhatt S，Gupta M，et al. Access control model for google cloud IoT[C]. In 2020 IEEE 6th Intl Conference on Big Data Security on Cloud(BigDataSecurity)，IEEE Intl Conference on High Performance and Smart Computing，(HPSC) and IEEE Intl Conference on Intelligent Data and Security(IDS)，2020.